Springer-Lehrbuch

Herbert Balke

Einführung in die Technische Mechanik

Statik

3. Auflage

 Springer

Prof. Dr.-Ing. habil. Herbert Balke
Technische Universität Dresden
Institut für Festkörpermechanik
01062 Dresden
Herbert.Balke@tu-dresden.de

ISSN 0937-7433
ISBN 978-3-642-10397-1   e-ISBN 978-3-642-10398-8
DOI 10.1007/978-3-642-10398-8
Springer Heidelberg Dordrecht London New York

Die Deutsche Nationalbibliothek verzeichnet diese Publikation in der Deutschen
Nationalbibliografie; detaillierte bibliografische Daten sind im Internet über http://dnb.d-nb.de abrufbar.

Einbandentwurf: WMXDesign GmbH, Heidelberg

Gedruckt auf säurefreiem Papier

Springer ist Teil der Fachverlagsgruppe Springer Science+Business Media (www.springer.com)

Vorwort zur dritten Auflage

Die anhaltende Nachfrage machte eine dritte Auflage des Buches erforderlich. Bei dieser Gelegenheit wurden geringfügige Ergänzungen vorgenommen.

Dresden, im Frühjahr 2010 H. Balke

Vorwort zur ersten Auflage

Die Technische Mechanik vermittelt wesentliche Kenntnisse und Methoden, die der Ingenieur für den Entwurf und die Beurteilung der Funktionsfähigkeit und Zuverlässigkeit von Konstruktionen benötigt. Sie ist deshalb Bestandteil der universitären Grundlagenausbildung der Maschinenbau-, Bau-, Mechatronik- und Elektroingenieure sowie weiterer Studiengänge. Wegen ihrer Anforderung, einerseits mittels Abstraktion von den komplexen Konstruktionen zu einfachen Modellen zu gelangen und andererseits die gewonnenen Modelle einer bis zum konkreten Zahlenergebnis führenden Berechnung zu unterwerfen, bereitet die Technische Mechanik den Studierenden erfahrungsgemäß Schwierigkeiten. Über die pädagogischen Wege, diese Schwierigkeiten zu minimieren, existieren unterschiedliche Auffassungen, die letztlich auch die Gliederung des gesamten Lehrstoffes beeinflussen. Eine allgemein bewährte Herangehensweise, die weitestgehend auf die jeweiligen Etappen der Mathematikausbildung Rücksicht nimmt, fußt auf der Reihenfolge der Teildisziplinen Statik, Festigkeitslehre, Kinematik und Kinetik, wobei hier die Technische Strömungslehre als eigene Disziplin angesehen und deshalb ausgelassen wird. Im Fall ausreichender mathematischer Vorkenntnisse sind Kinematik und Kinetik, begrenzt auf starre Körper, auch im Anschluss an die Statik vermittelbar.

Die Konzeption des vorliegenden Buches „Einführung in die Technische Mechanik/Statik", das mit den beiden Bänden zur Kinematik/Kinetik und Festigkeitslehre fortgesetzt werden soll, schließt sich der genannten Lehrmeinung an. In sie fließen die Erfahrungen der traditionellen Lehre zur Technischen Mechanik im Maschinenbau, in der Mechatronik und Elektrotechnik der Technischen Universität Dresden einschließlich meiner zehnjährigen Vorlesungspraxis an dieser Universität und der Technischen Universität Chemnitz ein. Wichtige Anregungen entsprangen der länger währenden Beschäftigung mit der Kontinuums- und Bruchmechanik sowie mit der elektromechanischen Feldtheorie des deformierbaren Festkörpers. Diese betreffen die unabhängige Gültigkeit der Impulsbilanz und Drehimpulsbilanz für beliebige Körper und Körperteile, eine Forderung, die das Schnittprinzip enthält, sowie die auch für eine elementare Lehre der Mechanik zweckmäßige Einführung der unabhängigen Lasten Einzelkraft und Einzelmoment. Sie sind seit dem Sommersemester 2000 Bestandteil meiner Grundlagenvorlesungen zur Technischen Mechanik.

Das Buch ist stark am Stoff der einsemestrigen Statik-Vorlesung für Maschinenbauingenieure orientiert und sehr genau mit den anschließenden Lehrinhalten zur Festigkeitslehre, Kinematik und Kinetik abgestimmt. Durch Konzentration auf das Wesentliche wird eine möglichst gute Übersichtlichkeit angestrebt. Es werden aber auch manche Sachverhalte etwas ausführlicher als unter dem Zeitdruck der Vorlesung dargestellt und nahe liegende Ergänzungen einbezogen. Insofern hoffe ich, dass das Buch der Erarbeitung des Vorlesungsstoffes und dem Selbststudium der Statik dienlich sein kann.

Das Verständnis der Technischen Mechanik entwickelt sich hauptsächlich bei ihrer praktischen Umsetzung. Deshalb wird dem Leser empfohlen, Herleitungen und Beispiele eigenständig nachzuvollziehen. Darüber hinaus sollten die gewonnenen Kenntnisse durch die Lösung zusätzlicher Aufgaben, die den zahlreich vorliegenden Aufgabensammlungen entnehmbar sind, überprüft und soweit vertieft werden, bis eine gewisse Routine in den Berechnungsabläufen erreicht wird.

Meinen verehrten Lehrern, den Herren Professoren H. Göldner, F. Holzweißig, G. Landgraf und A. Weigand, bin ich dafür verpflichtet, dass sie meine Begeisterung für das Fach „Technische Mechanik" geweckt haben. Besonderer Dank gilt den Herren Dr.-Ing. J. Brummund, Prof. P. Haupt (Universität Kassel) und Prof. V. Ulbricht, mit denen die in den einführenden Lehrbüchern zum Teil vorhandenen Widersprüche bei der Darlegung der Grundlagen von Statik und Kinetik ausdiskutiert werden konnten, Herrn Prof. S. Sähn für den Hinweis auf die Bedingtheit der Kraftlinienflüchtigkeit beim starren Körper sowie den Herren Dr.rer.nat. H.-A. Bahr, Dipl.-Ing. C. Häusler, Dr.-Ing. habil. V. Hellmann, apl. Doz. Dr.-Ing. habil. G. Georgi und Dr.rer.nat. H.-J. Weiß (Fraunhofer-Institut für Werkstoff- und Strahltechnik, Dresden) für zahlreiche nützliche Anmerkungen zu einzelnen Details.

Herzlich gedankt sei auch Herrn Prof. K.-H. Modler für die Bereitstellung der Zeichenkapazität, Herrn Dipl.-Ing. G. Haasemann für die Hilfe bei der Textverarbeitung, Frau C. Pellmann für die Computerzeichnung meiner Bildvorlagen und Frau K. Wendt, die mit viel Geduld und Einfühlungsvermögen das Manuskript in eine druckreife Form gebracht hat.

Dem Springer-Verlag danke ich für die schnelle Herausgabe des Buches.

Dresden, im Sommer 2004   H. Balke

Inhaltsverzeichnis

Einführung

Seit dem Altertum beschäftigen sich Menschen mit Mechanik, um das Gleichgewicht und die Bewegung der Körper unter der Wirkung von Lasten zu verstehen. So muss die Kraft in einem Seil, das zum Heben eines Gewichts dient, bekannt sein, damit ein genügend festes Seil zur Verfügung gestellt wird. Für die Funktion eines Fahrzeuges ist unter Berücksichtigung seiner Massenverteilung nicht nur sein Verhalten bei Ortsänderungen sondern auch bei Orientierungsänderungen wichtig. Die betrachteten Körper sind im Allgemeinen verformbar. Diese Eigenschaft wird als Bestandteil einer allgemeinen Bewegung angesehen. Offensichtliche Beispiele hierfür findet man bei der Federung der Fahrzeuge, aber auch bei der zu begrenzenden Durchbiegung einer Brücke oder der Schwankung eines Antennenmastes unter Windeinwirkung. Die Anwendung der gewonnenen Kenntnisse erstreckt sich von der primitiven Handarbeit über Planetenbahnberechnungen einschließlich Navigation bis zu Konstruktionen des Hochtechnologiesektors und dringt zunehmend in weitere Bereiche wie z.B. Materialwissenschaft, Mikroelektronik oder Medizin ein.

Ihrem Wesen nach gehört die Mechanik ähnlich wie die Mathematik zu den streng logischen Wissenschaften. Die von ihr benutzten bzw. eingeführten Begriffe wie Körper, Ort, Orientierung, Zeit, Masse, Kraft, Moment, Arbeit und Energie bilden die in der Realität existierenden komplexen Sachverhalte auf übersichtliche, logische und damit einer rechnerischen Behandlung zugängliche Modelle ab. Als Grundlage dieser Modelle dienen einige wenige Prinzipien, die seit Jahrhunderten begleitend zu den sich anhäufenden Erfahrungen bei der Lösung praktischer Aufgaben mit zunehmendem Allgemeingültigkeitsgrad durch Abstraktion gewonnen wurden. Dabei galt die Mechanik lange Zeit hauptsächlich als Bestandteil der Physik. Mit der Zunahme ihrer Bedeutung für die Technik entstand, zugeschnitten auf die neuen Herausforderungen, die Technische Mechanik, die jetzt zu den ingenieurwissenschaftlichen Grundlagen zu zählen ist. Die Technische Mechanik nahm eine eigenständige Entwicklung, die sich sowohl in der Herkunft neuer Beiträge als auch schließlich in der Lehrbuchliteratur widerspiegelte und deren wahre Inhalte sich immer an den konkreten Problemen orientierte. Diese Entwicklung wird begleitet vom stürmischen Fortschritt in der elektronischen Rechentechnik, die die effiziente mathematische Behandlung immer komplizierterer mechanischer Modelle erlaubt. Die Modelle, die die technische Realität gegenwärtig und in absehbarer Zukunft am besten beschreiben, bestehen aus Körpern, deren Eigenschaften als kontinuierlich über das Körpervolumen verteilt angenommen werden. Diese Kontinuumsmechanik führt sehr häufig zu Differentialgleichungen mit Rand- und Anfangsbedingungen, welche mittels spezieller Diskretisierungen (z.B. Methode der finiten Elemente) in Computerprogrammen umgesetzt und damit gelöst werden. Solche Computerprogramme, die den Zugriff zu einer riesigen Vielfalt von realitätsnahen Modellen gestatten, sind seit über zwanzig Jahren Stand der Technik und kommerziell verfügbar. Die Nutzung dieser Programme und ihrer ständig weiterentwickelten Versionen gehört zu den unverzichtbaren Aufgaben des Ingenieurs. Sie sollte aber in jedem Falle auf dem Verständnis der zugrunde liegenden Annahmen und Gleichungen beruhen, von Überschlagsrechnungen, die sich aus vereinfachten Modellen ergeben, begleitet und durch Testrechnungen zum Vergleich mit bekannten, analytisch gelösten Spezialfällen ergänzt werden.

Aus den obigen Darlegungen ergeben sich zwei wichtige Folgerungen für die Technische Mechanik als ingenieurwissenschaftliches Grundlagenfach. So sollten einerseits alle einzuführenden Begriffe, zu treffenden Annahmen und zu behauptenden Sätze im Einklang mit den konkreten zu lösenden Problemen stehen und widerspruchsfreie Verallgemeinerungen in der modernen Kontinuumsmechanik erlauben. Andererseits ist eine hierarchische Struktur der Inhalte des Faches, die möglichst in jeder komplexen Situation den Rückgriff auf einfache Methoden gestattet, nicht nur für die Lehre sondern auch für die praktische Handhabung der Technischen Mechanik wünschenswert.

Im Folgenden geht es um die Technische Mechanik von Festkörpern, abkürzend Körper genannt. Die Körper ersetzen bei der idealisierenden Modellierung die realen Bauteile. In der Statik wird das Gleichgewicht, d.h. die Beibehaltung der Ruhe der belasteten Körper betrachtet. Die Deformationen der belasteten Körper sind häufig klein gegenüber ihren Abmessungen und können bei der Untersuchung des Gleichgewichts oft vernachlässigt werden, was zum Begriff des starren Körpers führt. Die Festigkeitslehre berücksichtigt die Verformungen und die Materialeigenschaften des Körpers bei der Berechnung der Beanspruchungen, die im Körper auftreten. Sie beantwortet die Frage, ob der Körper hält oder bricht bzw. wegen unzulässiger Deformationen seine Funktion nicht erfüllt. In der Kinematik werden die geometrischen Einzelheiten der Bewegung von Körpern im Zeitablauf ohne Bezug zu irgendwelchen Lasten studiert. Der Zusammenhang zwischen den Bewegungen von Körpern und den Lasten als Ursache dafür ist Gegenstand der Kinetik.

Der Inhalt des vorliegenden Buches zur Statik ist wesentlich geprägt durch die beiden Erfahrungssätze über die gemeinsam zu erfüllenden, voneinander unabhängigen Bilanzen der Kräfte und Momente im Falle des Gleichgewichts des Körpers sowie beliebiger Teile desselben. In diesem Zusammenhang wird dem Moment eine gleichberechtigte Stellung gegenüber der Kraft eingeräumt, wenn auch in die für allgemeine Gleichgewichtsbetrachtungen benötigte Momentendefinition die Kraft selbst neben einer Länge eingeht. Die NEWTONschen Axiome, in denen die Kräftebilanz, aber nicht die Momentenbilanz vorkommen, werden nicht als ausreichende Grundlage für die

Statik angesehen. Dieser in der Statik allgemein akzeptierte Standpunkt - das Hebelgesetz als Teilaussage der Momentenbilanz wurde schon von ARCHI-MEDES (287-212 v.Chr.), also lange vor NEWTON (1643-1727), angegeben - muss selbstverständlich in einer sich anschließenden Kinetik, die die Statik als Sonderfall enthält, berücksichtigt werden, damit die Technische Mechanik der zwingenden Forderung genügt, widerspruchsfrei zu sein. Mit anderen Worten, die Technische Mechanik, die in der Statik auf den beiden unabhängigen Vektorbilanzen der Kräfte und Momente beruht, kann sich in der Kinetik nicht allein auf die eine Vektorgleichung des sogenannten dynamischen Grundgesetzes der NEWTONschen Axiomatik stützen.

Die Anwendung der genannten Erfahrungssätze auf spezielle Anordnungen belasteter starrer Körper erlaubt die Berechnung von Lager- und Schnittreaktionen, wobei zunächst Probleme der ebenen Statik ausführlicher betrachtet werden, was erfahrungsgemäß das Verständnis der räumlichen Statik erleichtert. Reibungsprobleme lassen sich mit einordnen. Die zur Statik gehörenden Aufgaben der Schwerpunktbestimmung werden hier ergänzt um die Bereitstellung der später in der Balkentheorie benötigten Flächenmomente zweiter Ordnung, was im Studienablauf eine günstige Übungsgestaltung ermöglicht.

Die für die Statik erforderlichen Voraussetzungen umfassen Kenntnisse der Geometrie, Trigonometrie, Vektorrechnung, inhomogene lineare Gleichungssysteme, gewöhnliche Ableitungen und bestimmte Integrale. Der Begriff der Funktion von mehreren Variablen wird angedeutet. Volumenintegrale werden mit Bezug auf endliche Summen erwähnt, Flächenintegrale am Beispiel erklärt und in den Anwendungen auf bekannte Ergebnisse zurückgeführt.

Kapitel 1

Grundlegende Voraussetzungen

1

1

1 Grundlegende Voraussetzungen

Die realen Objekte, welche Untersuchungsgegenstand der Statik sind, müssen auf das Wesentliche reduziert, d.h. idealisiert werden. Dies führt zu einem einfachen Begriffssystem, das durch Verknüpfung mit der Erfahrung die Formulierung der beiden unabhängigen Basisaussagen der Statik über das Gleichgewicht belasteter Körper und beliebiger Teile von ihm erlaubt, nämlich die Kräftebilanz und die Momentenbilanz.

1.1 Starrer Körper

Eine für die Statik wichtige Eigenschaft der technischen Objekte (Konstruktionen, Tragwerke, Bauelemente u.ä.) ist die geometrische Gestalt, d.h. die Gesamtheit der Abmessungen. In der Realität verformen sich die Objekte unter den einwirkenden Lasten. In vielen technisch relevanten Fällen können die dabei auftretenden Abmessungsänderungen im Vergleich zu den Abmessungen vernachlässigt werden. Dies führt zum Begriff des starren Körpers, der dadurch gekennzeichnet ist, dass alle Abstände zweier beliebiger Körperpunkte ungeändert bleiben. Für alle in dem Buch „Statik" behandelten Probleme wird von dieser Vereinfachung Gebrauch gemacht und der starre Körper, bis auf hervorzuhebende Sonderfälle, abkürzend als Körper bezeichnet.

Für die weiteren Überlegungen ist es erforderlich, die Lage des starren Körpers anzugeben. Dies geschieht relativ zu drei nicht in einer Ebene liegenden, starren Laborwänden, welche auf der Erdoberfläche fixiert sind. Die Bewegung der Erdoberfläche wird dabei zunächst vernachlässigt. Für einen genaueren Lagebezug ist erfahrungsgemäß der Fixsternhimmel anstelle der Erdoberfläche zu benutzen. Wenn die Wände eben sind, senkrecht aufeinander stehen und die Abstände der Körperpunkte zu diesen Wänden im gleichen Maßstab gemessen werden, gewinnen wir ein kartesisches Koordinatensystem, das wegen der beschriebenen Bindung als raumfest bezeichnet wird und künftig verwendet werden soll. Ein solches Koordinatensystem mit den Achsen x, y, z ist im Bild 1.1 angegeben.

In diesem System befindet sich ein starrer Körper, der durch das starre orthogonale Dreibein $OABC$ repräsentiert wird. Ort und Orientierung dieses Dreibeins können folgendermaßen festgelegt werden (Bild 1.1 a). Die drei Koordinaten x_O, y_O, z_O fixieren den Punkt O, verhindern also mögliche Verschiebungen dieses Punktes. Winkeländerungen um die zu x, y, z parallelen Achsen OA, OB, OC werden jeweils durch die Koordinaten z_B, x_C, y_A blockiert. Die Lagebestimmung erfordert also insgesamt sechs Informationen. Wenn diese Bindungen aufgegeben werden, besitzt der Körper sechs

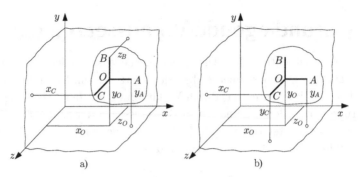

Bild 1.1. Festlegung des starren Körpers im kartesischen Koordinatensystem

unabhängige Bewegungsmöglichkeiten, nämlich drei Verschiebungen und drei Winkeländerungen. Die Anzahl der unabhängigen Bewegungsmöglichkeiten wird auch als Freiheitsgrad f bezeichnet. Es gilt also für den ungebundenen starren Körper genau $f = 6$.

Bild 1.1b zeigt eine andere mögliche Bindungsrealisierung mit derselben, dem Freiheitsgrad $f = 6$ entsprechenden Zahl von Bindungen, wobei z_B durch y_C ersetzt wurde.

Beide Fälle von Bild 1 enthalten außer den drei Angaben über den Ort des Körperpunktes O drei Festlegungen über körperfeste Richtungen. Eine solche Richtung ist eine Eigenschaft der jeweiligen Geraden, welche durch zwei Körperpunkte gelegt wurde, und stellt neben dem Terminus „Punkt" einen weiteren benötigten Begriff dar.

Der gebundene Körper befindet sich in Ruhe. Bleibt der Körper nach Lösen der Bindungen in Ruhe, d.h. erleidet er trotz möglicher Belastungen keine Translation und Rotation, so befindet er sich im Gleichgewicht. Die statischen Bedingungen für diese kinematisch definierte Situation werden im Folgenden schrittweise formuliert.

1.2 Lasten

Auf die Körper können Lasten (auch Belastungen genannt) zweier unterschiedlicher Typen einwirken, die durch einfache Anschauungsbeispiele erläutert werden sollen. Ihr voller Bedeutungsumfang geht jedoch weit über diese Beispiele hinaus. Er bleibt im Allgemeinen offen, so dass die Lasten in jeder konkreten Situation neu spezifiziert werden müssen.

❯ 1.2.1 Einzelkraft

Die auf die fixierte Wand W im Bild 1.2 (die Fixierung ist durch eine Schraffur angedeutet) ausgeübte Kraft wird vom Kraftausübenden über das Gefühl in seiner Hand wahrgenommen.

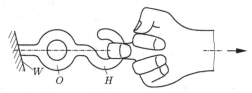

Bild 1.2. Empfindung einer Kraft

Die Hand gibt dieser Kraft eine Richtung und einen Richtungssinn entsprechend der empfundenen Anspannung (in Bild 1.2 durch einen Pfeil angedeutet). Die summarische Wirkung der Kraft wird dann durch einen Zahlenwert beschrieben. Es ist denkbar, dieselbe Kraftwirkung auf die Wand unter Benutzung der Öse O zu realisieren, was zur Entlastung des Hakens H führt. Für die aus Öse und Haken bestehende Konstruktion, die als ein Körper modelliert wird, ist also der Ort für den Kraftangriff wichtig. Die einfachste Idealisierung nimmt die geometrische Gestalt dieses Ortes als punktförmig an. Die Zusammenfassung aller genannten Bestimmungsstücke führt zur folgenden naheliegenden Definition des Begriffes der Einzelkraft:
Die Einzelkraft ist ein Vektor, der einen Angriffspunkt besitzt.

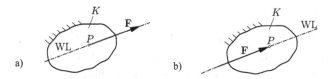

Bild 1.3. Angriff einer Einzelkraft

Im Bild 1.3a ist dieser Sachverhalt nochmals dargestellt. Der Angriffspunkt P des Einzelkraftvektors **F** (Vektoren werden künftig durch fette Buchstaben bezeichnet) befindet sich am Körper K, der mit der Umgebung, d.h. mit dem kartesischen Koordinatensystem, starr verbunden ist. Zusätzlich wurde die Linie angegeben, auf der der Einzelkraftvektor liegt, die sogenannte Wirkungslinie WL (strichpunktiert), deren Bedeutung später erklärt wird. Mitunter ist es aus zeichentechnischen Gründen sinnvoll, bei gleicher Lage des Kraftangriffspunktes den Vektorpfeil in einer anderen Position auf der Wirkungslinie, z.B. mit der Pfeilspitze im Kraftangriffspunkt, einzutragen (Bild 1.3b).

Die noch zu besprechende wesentliche Vektoreigenschaft der Einzelkraft, nämlich die Gültigkeit des Vektorparallelogrammes, ist durch die Erfahrung, d.h. durch experimentelle Nachweise, gegeben und schon bei STEVIN (1548-1620) zu finden. Eine Einzelkraft kann eindeutig nach zwei gegebenen Richtungen durch den Angriffspunkt P der Einzelkraft zerlegt, und zwei gegebene Einzelkräfte mit gemeinsamem Angriffspunkt P können zu einer Einzelkraft zusammengefasst werden (wechselseitige statische Äquivalenz, s. Bild 1.4a). Zur Verkürzung der Darstellung und Hervorhebung des gemeinsamen Angriffspunktes P ist es üblich, die beiden Parallelogramme übereinander zu zeichnen. Damit die alternativ zu berücksichtigenden äquivalenten Kräfte $\mathbf{F}$ oder $\mathbf{F}_1$, $\mathbf{F}_2$ nicht irrtümlich als gemeinsam wirkend aufgefasst werden, sind sie durch unterschiedliche Stricharten dargestellt (Bild 1.4b).

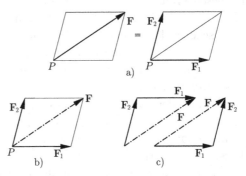

Bild 1.4. Für Einzelkräfte gültiges Vektorparallelogramm a) und verkürzte Darstellungen b) bzw. c)

Für die grafische Realisierung der vektoriellen Zerlegung bzw. Zusammensetzung reicht das sogenannte Krafteck aus (Bild 1.4c). Analytisch gehorcht dieser Sachverhalt den Regeln der Vektorrechnung

$$\mathbf{F} = \mathbf{F}_1 + \mathbf{F}_2. \tag{1.1}$$

In (1.1) wird nochmals die Beliebigkeit der Reihenfolge der Vektoraddition deutlich. Die Einzelkräfte $\mathbf{F}_1, \mathbf{F}_2$ dürfen selbst durch Zusammensetzung aus Einzelkräften entstanden sein. Diese wiederholte Vektoraddition gemäß (1.1) ist nicht auf Einzelkräfte beschränkt, die alle in derselben Ebene liegen. Umgekehrt enthält die Vektoreigenschaft den Fakt, dass eine Einzelkraft eindeutig nach drei gegebenen, nicht in einer Ebene liegenden Richtungen durch den Angriffspunkt der Einzelkraft zerlegt werden kann.

Für das Studium des Gleichgewichts am gesamten starren Körper folgt aus der Erfahrung, dass die Einzelkraft ohne Änderung ihrer Wirkung auf das Gleichgewicht längs ihrer Wirkungslinie (Bild 1.3) verschoben werden kann,

d.h. dass ihr Angriffspunkt auf der Wirkungslinie beliebig positionierbar ist.
Alle dadurch entstehenden Anordnungen heißen deshalb statisch äquivalent,
obwohl sie zu unterschiedlichen Wechselwirkungen im Körper führen.

Besteht kein Anlass zu Fehldeutungen, wird künftig die Einzelkraft abkürzend
als Kraft bezeichnet.

Zur Quantifizierung physikalischer Größen reichen Empfindungen nicht aus.
Diese Größen sind vermittels ihrer Wirkungen zu messen. Als Messeinrich-
tung für die Kraft kann z.B. eine Federwaage dienen. Eine statische elastische
Verlängerung der Feder dieser Waage entspricht dann einer gewissen Kraft.
Die Elastizität der Feder als Bestandteil der Messeinrichtung für die Statik
starrer Körper wird dabei als gegeben hingenommen wie die Elastizität des
Antriebs einer Uhr für die Zeitmessung in der Kinetik starrer Körper. Mit
Festlegung von Normbedingungen für den statischen Messvorgang wäre auch
eine Maßeinheit für die Kraft gewinnbar. Die Maßeinheit der Kraft wird jedoch aus Zweckmäßigkeitsgründen über eine andere physikalische Wirkung,
nämlich ihr Vermögen, einen massebehafteten Körper translatorisch zu be-
schleunigen, abgeleitet. Dieser Sachverhalt liegt außerhalb der Statik. Hier
muss auf das spätere Studium der Kinetik verwiesen werden.

Mit den Grundgrößen Länge, Zeit und Masse sowie ihren Einheiten Meter
(m), Sekunde (s) und Kilogramm (kg) ergibt sich als Einheit $[F]$ des Betrages
$F = |\mathbf{F}|$ der Kraft $\mathbf{F}$ das Newton (N) zu

$$[F] = 1\mathrm{N} = 1\mathrm{kg} \cdot \mathrm{m/s}^2 \ .$$

Unter Verwendung von drei Federwaagen kann die oben postulierte Gültigkeit
des Kräfteparallelogramms experimentell bestätigt werden.

❯ 1.2.2 Einzelmoment

Bei der Anwendung eines Schraubendrehers auf die fixierte Konstruktion im
Bild 1.5 wird über die Hand ein qualitativ anderes Gefühl wahrgenommen
als in der Situation von Bild 1.2.

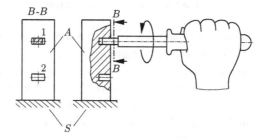

Bild 1.5. Empfindung eines Momentes

Die Hand übt mittels des Schraubendrehers ein Moment auf die abgebilde-te Konstruktion aus. Dieses Moment besitzt eine Richtung (nicht notwendig senkrecht zu dem Ausleger A) und einen Dreh- oder Winkelorientierungs-sinn, den die Hand spürt, auch wenn sie in Wirklichkeit eine Drehung des Schraubendrehers nicht ausführt. Unter Beachtung dieser beiden Merkmale wird die summarische Wirkung dann durch einen Zahlenwert beschrieben. Die Wirkung des vom Schraubendreher über den Ausleger A in den Ständer S eingeleiteten Momentes ist dieselbe bei paralleler Anordnung des Schrau-bendrehers im Schlitz 2 anstelle des Schlitzes 1. Dann wird aber der Schlitz 1 entlastet. Für die als Körper idealisierte Konstruktion des Auslegers ist also der Ort der Momenteneinleitung bedeutsam. Wie bei der Einzelkraft wird dieser Ort als Punkt idealisiert und damit die Definition eines Einzelmomen-tes ermöglicht:

Das Einzelmoment ist ein Vektor, der einen Angriffspunkt besitzt und dem ein Drehsinn zugeordnet ist. Der Drehsinn erzeugt vermittels einer Rechts-schraube den Richtungssinn des Einzelmomentenvektors.

Vektoren, die der genannten Zusatzforderung genügen, heißen axiale Vekto-ren und werden durch Pfeile mit doppelter Spitze abgebildet. Dies ist im Bild 1.6 zu sehen, wo der Einzelmomentenvektor $\mathbf{M}$ im Punkt P des Körpers K angreift und der gekrümmte Pfeil den Drehsinn angibt. Ähnlich wie bei der Kraft wird manchmal aus zeichnerischen Gründen für identische Lage des Einzelmomentangriffspunktes die Pfeilspitze des Vektors mit gleicher Orien-tierung in den Angriffspunkt gelegt.

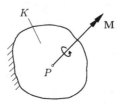

Bild 1.6. Angriff eines Einzelmomentes

Alles, was über die Gültigkeit des Vektorparallelogrammes bei Einzelkräften gesagt wurde, trifft auch für Einzelmomente zu.

Für das Studium des Gleichgewichts am gesamten starren Körper folgt weiter aus der Erfahrung, dass das Einzelmoment ohne Änderung seiner Wirkung auf das Gleichgewicht beliebig längs und parallel verschoben werden kann, sein Angriffspunkt also willkürlich positionierbar ist. Alle dadurch entste-henden Anordnungen heißen deshalb statisch äquivalent, obwohl sie zu unterschiedlichen Wechselwirkungen im Körper führen. Die Angabe einer Wirkungslinie erübrigt sich.

Zur quantitativen Bestimmung eines Einzelmomentes kann z.B. eine Drehfederwaage benutzt werden. Das Einzelmoment bewirkt eine statische Verdrehung der Torsionsfeder um einen gewissen Winkel, aus dem auf seine Größe und seinen Richtungssinn gemäß Rechtsschraube rückgeschlossen werden kann. Dieser Messvorgang wäre bei Ausführung unter Normbedingungen zur Definition einer Maßeinheit des Einzelmomentes geeignet. Üblicherweise wird jedoch die Kenntnis von Kraft und Abstand einschließlich der Eigenschaften dieser Größen vorausgesetzt. Dann lässt sich das Einzelmoment, wie in der Statik später gezeigt, mit dem Produkt aus dem Abstand zweier paralleler, entgegengesetzt gleich großer Kräfte und dem Betrag einer der beiden Kräfte vergleichen. Damit besitzt das Einzelmoment die Dimension Kraft mal Länge und deshalb die Maßeinheit

$$[M] = 1\mathrm{Nm} = 1\mathrm{kg} \cdot \mathrm{m}^2/\mathrm{s}^2 \; .$$

Im Gegensatz zur Verkürzung der Sprechweise beim Kraftbegriff wird der Term „Einzelmoment" wegen der Unterscheidung vom später einzuführenden Moment einer Kraft beibehalten.

1.3 Schnittprinzip

Die zu betrachtenden Körper sind gewöhnlich an ihrer Oberfläche mit der fixierten Umgebung verbunden. Sollen die Körper unter der Einwirkung von gegebenen Lasten (auch als eingeprägte Lasten bezeichnet) in Ruhe, d.h. im Gleichgewicht bleiben, so müssen die Bindungen ergänzend genau die Lasten auf den Körper ausüben, so dass das Gleichgewicht bestehen bleibt. Diese Fähigkeit hängt von der konstruktiven Gestaltung der Bindungen ab, die später besprochen werden soll. Für die Überprüfung des Gleichgewichts sind also die Bindungen zu lösen (zu schneiden) und durch die Lagerreaktionen (auch als Auflagerreaktionen bezeichnet) zu ersetzen, mit denen die Bindungen fähig sind, an der Schnittstelle auf den Körper zu wirken. Dabei dürfen in überschaubaren Situationen Reaktionen, die die Lager zwar übertragen könnten, die aber wegen der Bilanz mit nicht vorhandenen eingeprägten Lasten offensichtlich verschwinden, von vornherein weggelassen werden. Man spricht auch von der Befreiung des Körpers von den Bindungen an seine fixierte Umgebung bzw. vom Freischneiden des Körpers entsprechend dem Schnittprinzip von EULER (1707-1783). Diese Betrachtung wird gleichermaßen auf den gesamten Körper oder Teile davon angewendet. Erfahrungsgemäß treten dabei die Lagerreaktionen und die an Körperteilen entstehenden Schnittreaktionen (auch Schnittlasten) als Wechselwirkungen immer paarweise mit entgegengesetzt gleich großen Partnern auf, ein Fakt der später als Bestandteil der beiden grundlegenden Gleichgewichtsaussagen bewiesen werden kann. Zur Erläuterung dienen die Beispiele von Bild 1.2 und 1.5.

In Bild 1.7 wurde das Haken-Öse-System durch eine geschlossene räumliche Schnittfläche, die in der Zeichenebene als eine geschlossene Schnittkontur zu sehen ist und abkürzend als geschlossener Schnitt bezeichnet wird, von der Wandverbindung getrennt. Der Austausch der kraftausübenden Hand durch die Kraft selbst ist dabei nebensächlich (künftig werden die Vektoren in den Bildern häufig durch den Vektorpfeil und ihre Größe, die auch negativ sein kann, angegeben). Die Schnittstelle wurde hier nur durch eine Kraft F_L auf der Wirkungslinie der eingeprägten Kraft F und durch den entgegengesetzt gleich großen Partner ersetzt.

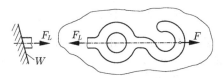

Bild 1.7. Geschlossener Schnitt zur Befreiung des Haken-Öse-Systems von der Wand W

Bild 1.8 zeigt die analoge Situation für die Anordnung aus Bild 1.5, wo an der Schnittstelle wegen der alleinigen eingeprägten Last M nur das Schnittmoment M_t eingetragen wurde.

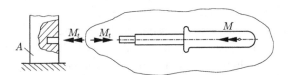

Bild 1.8. Geschlossener Schnitt zur Befreiung des Schraubendrehers vom Schlitz des Auslegers A

Das Schnittprinzip gilt auch für zwei (oder mehrere) Körper, die über eine gewisse Entfernung hinweg statisch wechselwirken. Beispiele für eine solche Fernwirkung sind die Gravitation und der Elektromagnetismus. So ziehen sich massebehaftete Körper nach dem NEWTONschen Gravitationsgesetz an. Die Wechselwirkungskraft zwischen elektrisch geladenen Körpern besteht gemäß dem Gesetz von COULOMB (1736-1806) bei gleichem Vorzeichen der Ladungen in einer Abstoßung der Körper, bei entgegengesetztem Vorzeichen in einer Anziehung. Zwei kreuzweise übereinander liegende Stabmagnete üben außer einer Kraft ein Moment aufeinander aus. Wir berücksichtigen gegebe-

nenfalls nur die Schwerkraft als Folge der Erdanziehung, wobei der Erdkörper
außerhalb der bildlichen Darstellung bleibt.

In allen genannten Fällen beinhaltet das Schnittprinzip die Definition der
Körperoberfläche und die Feststellung der durch die Körperoberfläche hin-
durchtretenden statischen Wechselwirkungen der Umgebung auf den Körper.
Diese Betrachtungsweise wird im allgemeineren Sachverhalten auch auf nicht-
mechanische Wechselwirkungen angewendet.

Nach den obigen Ausführungen ist jetzt schon die Erfahrungstatsache zu
vermerken, dass der befreite Körper im Gleichgewicht bleibt, wenn die auf
den Körper gemeinsam wirkenden Lasten der Art nach Bild 1.2 bzw. 1.5
sich beide mit den von ihnen geweckten Lagerreaktionen gemäß Bild 1.7
bzw. 1.8 ausbilanzieren. Dieser grundlegende Sachverhalt, der im Folgenden
ausführlicher besprochen wird, bildet den wesentlichen Inhalt der Statik.

1.4 Kartesische Bezugssysteme für Vektoren   1.4

Für die analytische Zerlegung und Zusammensetzung der Vektoren ist die
Benutzung einer so genannten Vektorbasis zweckmäßig. Diese entsteht aus
orthogonalen Einheitsvektoren, die parallel zu dem schon in Bild 1.1 benutzten kartesischen Koordinatensystem angeordnet werden. Die Gemeinsamkeit
von Koordinatensystem und Vektorbasis soll Bezugssystem (wie in Abschnitt
1.1 raumfest) heißen. Bild 1.9 gibt den ebenen Sonderfall mit den Basisvektoren $\mathbf{e}_x$, $\mathbf{e}_y$, angewendet auf das Vektorbeispiel Kraft, wieder.

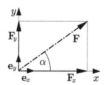

Bild 1.9. Ebene Komponentenzerlegung der Kraft

In Bild 1.9 lesen wir die Komponentendarstellung der Kraft $\mathbf{F}$ ab.

$$\mathbf{F} = \mathbf{F}_x + \mathbf{F}_y = F_x\mathbf{e}_x + F_y\mathbf{e}_y \; , \tag{1.2}$$

$$F_x = F\cos\alpha \; , \quad F_y = F\sin\alpha \; . \tag{1.3}$$

Die Summanden in (1.2) sind die Komponenten (d.h. auch Vektoren) von
$\mathbf{F}$, während F_x, F_y die Maßzahlen oder Vektorkoordinaten von $\mathbf{F}$ bezeich-
nen (mitunter werden in der Literatur die Vektorkoordinaten Komponenten

genannt). Weiter erhält man

$$F = |\mathbf{F}| = \sqrt{F_x^2 + F_y^2} \ , \quad \tan\alpha = \frac{F_y}{F_x} \ . \tag{1.4}$$

Obige Formeln gelten auch, wenn der Angriffspunkt von $\mathbf{F}$ nicht mit dem Ursprung des kartesischen Bezugssystems zusammenfällt. Darüber hinaus werden sie analog auf Einzelmomentvektoren angewendet.

Die naheliegende Erweiterung der Vorgehensweise auf den Raum mittels der rechtshändigen Basis $\mathbf{e}_x$, $\mathbf{e}_y$, $\mathbf{e}_z$ wird in Kapitel 6 vorgeführt.

Kapitel 2

Kräfte und Momente in der ebenen Statik

2

2

2 Kräfte und Momente in der ebenen Statik

2.1 Kräfte in der Ebene mit gemeinsamem Schnittpunkt ihrer Wirkungslinien

Eine spezielle Situation liegt vor, wenn ein Körper nur durch Kräfte belastet ist, deren Wirkungslinien in einer Ebene liegen und einen gemeinsamen Schnittpunkt besitzen. Eine solche Kräfteanordnung wird auch als zentrale Kräftegruppe oder zentrales Kraftsystem bezeichnet. Diese Kräfte können grafisch mittels Kräfteparallelogramm bzw. Krafteck und analytisch mit Hilfe eines kartesischen Bezugssystems zu einer für den gesamten Körper statisch äquivalenten resultierenden Kraft zusammengefasst werden. Das Gleichgewicht des Körpers in dieser speziellen Situation ist gegeben, wenn die resultierende Kraft verschwindet.

❯ 2.1.1 Ermittlung der resultierenden Kraft

An einem nicht näher beschriebenen Körper greifen exemplarisch drei Kräfte $\mathbf{F}_i$ an (Bild 2.1), deren Wirkungslinien einen gemeinsamen Schnittpunkt besitzen. Die Lage der Kräfte auf der Wirkungslinie ist dabei bedeutungslos. Beispielsweise wurde der Angriffspunkt der Kraft $\mathbf{F}_2$ im Lageplan in den gemeinsamen Schnittpunkt verschoben, der auch als Ursprung des Bezugssystems benutzt wird.

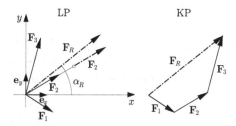

Bild 2.1. Zentrale Kräftegruppe mit Lageplan (LP) und Kräfteplan (KP)

Das Krafteck (auch Kräfteplan) ergibt mit der Aneinanderreihung der halbierten Kräfteparallelogramme die resultierende Kraft $\mathbf{F}_R$ nach Größe, Richtung und Richtungssinn. Die Lage der Wirkungslinie der resultierenden Kraft ist durch den gemeinsamen Schnittpunkt im Lageplan von Bild 2.1 festgelegt. Für die grafische Realisierung wählt man einen zweckmäßigen Maßstab.

Die analytische Vektoraddition liefert die statische Äquivalenz folgender Terme

$$\mathbf{F}_R = F_{Rx}\mathbf{e}_x + F_{Ry}\mathbf{e}_y = \sum_{i=1}^{3} \mathbf{F}_i = (\sum_{i=1}^{3} F_{ix})\mathbf{e}_x + (\sum_{i=1}^{3} F_{iy})\mathbf{e}_y$$

mit

$$F_{Rx} = \sum_{i=1}^{3} F_{ix} \ , \qquad F_{Ry} = \sum_{i=1}^{3} F_{iy} \ .$$

Betrag, Richtung und Richtungssinn der statisch äquivalenten resultierenden Kraft folgen aus

$$F_R = \sqrt{F_{Rx}^2 + F_{Ry}^2} \ , \qquad \tan\alpha_R = \frac{F_{Ry}}{F_{Rx}}$$

und den Vorzeichen der Vektorkoordinaten F_{Rx}, F_{Ry}.
Im Fall von n Kräften mit gemeinsamem Schnittpunkt ihrer Wirkungslinien gilt die Rechenvorschrift

$$F_{Rx} = \sum_{i=1}^{n} F_{ix} \ , \qquad F_{Ry} = \sum_{i=1}^{n} F_{iy} \ , \tag{2.1}$$

$$F_R = \sqrt{F_{Rx}^2 + F_{Ry}^2} \ , \qquad \tan\alpha_R = \frac{F_{Ry}}{F_{Rx}} \ . \tag{2.2}$$

Beispiel 2.1
Im Lageplan von Bild 2.2 sind drei Kräfte mit den Beträgen $F_1 = F$, $F_2 = 3F$ und $F_3 = 2F$ gegeben. Gesucht wird auf analytischem und grafischem Weg die resultierende Kraft mit allen Bestimmungsstücken.

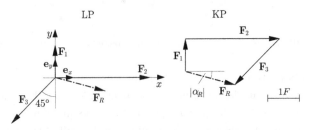

Bild 2.2. Lageplan (LP) und Kräfteplan (KP) zu Beispiel 2.1

Lösung:

Für den analytischen Lösungsweg liefert der Lageplan von Bild 2.2 mit den gegebenen Kräften

$$\mathbf{F}_1 = F\mathbf{e}_y$$
$$\mathbf{F}_2 = 3F\mathbf{e}_x$$
$$\mathbf{F}_3 = -\frac{\sqrt{2}}{2}2F\mathbf{e}_x - \frac{\sqrt{2}}{2}2F\mathbf{e}_y,$$

$$\mathbf{F}_R = F_{Rx}\mathbf{e}_x + F_{Ry}\mathbf{e}_y = \sum_{i=1}^{3}\mathbf{F}_i = (3-\sqrt{2})F\mathbf{e}_x + (1-\sqrt{2})F\mathbf{e}_y$$
$$= 1,59F\mathbf{e}_x - 0,41F\mathbf{e}_y .$$

Der Betrag von $\mathbf{F}_R$ ergibt sich aus

$$|\mathbf{F}_R| = F_R = \sqrt{F_{Rx}^2 + F_{Ry}^2} = 1,64\ F$$

und der Winkel α_R wegen $F_{Rx} > 0$, $F_{Ry} < 0$ aus

$$\tan\alpha_R = \frac{F_{Ry}}{F_{Rx}} = -0,261$$

zu

$$\alpha_R = -14,6°.$$

Für die grafische Lösung mittels des Kräfteplanes ist ein Maßstab zu wählen. Dabei bestimmt die gezeichnete Länge der Einheit $1F$ die Genauigkeit der Zahlenwerte, die näherungsweise aus dem Kräfteplan von Bild 2.2 abgelesen werden können. Die Richtung der Wirkungslinie und der Richtungssinn von $\mathbf{F}_R$ im Lageplan werden aus dem Kräfteplan übernommen. Das Ergebnis hängt nicht von der Reihenfolge der Kräfteanordnung im Kräfteplan ab. □

Die hier demonstrierte grafische Lösungsmethode unterstützt wie in anderen einfachen Fällen die Vorstellung. Sie wurde in der Vergangenheit auch für komplexere Probleme in verfeinerter Form angewendet, hat aber mit der Entwicklung der digitalen Rechentechnik ihre Bedeutung verloren. Künftig wird bei Benutzung des kartesischen Bezugssystems die vektorielle Rechnung ohne Basisvektoren nur mit (2.1), (2.2) ausgeführt, und in den Abbildungen werden Vektoren durch Pfeile mit Größenangabe festgelegt.

❯ 2.1.2 Gleichgewichtsbedingungen

Die Antwort auf die Frage, ob sich ein Körper im Gleichgewicht befindet, folgt aus der Erfahrung. Greift nur eine Kraft an, so muss diese verschwinden, damit der Körper nicht in translatorische und eventuell rotatorische Bewegung versetzt wird, d.h. den Zustand der Ruhe verlässt. Unterliegt der Körper einer zentralen Kräftegruppe, so hat die resultierende Kraft zu verschwinden. Im letzten Fall wird die Gleichgewichtsbedingung für n Kräfte durch die Bilanzen

$$\mathbf{F}_R = \sum_{i=1}^{n} \mathbf{F}_i = \mathbf{0} \tag{2.3}$$

oder

$$\sum_{i=1}^{n} F_{ix} = 0 \,, \quad \sum_{i=1}^{n} F_{iy} = 0 \tag{2.4}$$

erfüllt. Wegen (2.3) verschwindet auch der Betrag von $\mathbf{F}_R$. In der grafischen Lösung schließt sich das Krafteck.

Beispiel 2.2

Eine masselose Scheibe sei an zwei Seilen 1, 2 aufgehängt und über ein weiteres Seil durch ein vertikal wirkendes Gewicht G belastet (Bild 2.3). Im Gleichgewicht stellt sich die abgebildete Anordnung ein.

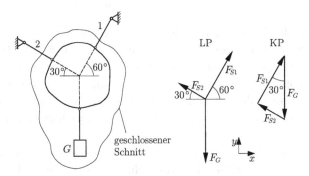

Bild 2.3. Gewichtsbelastete Scheibe mit Lageplan (LP) nach Schnitt und Kräfteplan (KP)

Gesucht sind die Kräfte, die die Seile auf die Scheibe im Gleichgewicht ausüben.

Lösung:

Für die Prüfung des Gleichgewichts der Scheibe sind zunächst deren Bindungen mit der Umgebung durch einen gedachten geschlossenen Schnitt zu lösen. Dabei wird die Fernwirkung der Massenanziehung zwischen Gewicht und Erde durch die entsprechende Kraft F_G ersetzt. Die Seile übertragen erfahrungsgemäß nur Kräfte in Seilrichtung, welche als Schnittlasten agieren. Neben dem gegebenen Richtungssinn für die Gewichtskraft werden die auf die Scheibe wirkenden Seilkräfte F_{S1} und F_{S2} per Definition mit einer Pfeilrichtung von der Scheibe weg weisend positiv gezählt, wenn sie Zug beinhalten (bei negativem Ergebnis, entsprechend Druck, würde ein Seil versagen), siehe Lageplan in Bild 2.3. Für die analytische Erfüllung der Gleichgewichtsforderung kommen die beiden Kräftebilanzen (2.4) zur Anwendung. Die Beträge der Kraftkomponenten werden addiert, wenn der Richtungssinn der Kraftkomponenten mit dem Sinn des jeweiligen Zählpfeiles „→" bzw. „↑" gemäß den Basisvektoren $\mathbf{e}_x$ bzw. $\mathbf{e}_y$ übereinstimmt, sonst abgezogen.

$$\sum_{i=1}^{2} F_{ix} = 0 \ , \qquad \rightarrow: \ F_{S1} \cos 60° - F_{S2} \cos 30° = 0 \ ,$$

$$\sum_{i=1}^{3} F_{iy} = 0 \ , \qquad \uparrow: \ F_{S1} \sin 60° + F_{S2} \sin 30° - F_G = 0 \ .$$

Man sieht, dass eine Multiplikation der einzelnen Gleichungen mit (-1), was einer Umkehrung des Zählsinnes gleichkäme, das Ergebnis nicht ändert. Die Zählpfeile müssen also nicht wie die Basisvektoren $\mathbf{e}_x$, $\mathbf{e}_y$ angeordnet sein. Sie können auch beliebig von null verschiedene Winkel einschließen. Der Ersatz der trigonometrischen Ausdrücke führt auf das inhomogene lineare Gleichungssystem

$$\frac{1}{2} F_{S1} - \frac{1}{2} \sqrt{3} F_{S2} = 0 \ ,$$

$$\frac{1}{2} \sqrt{3} F_{S1} + \frac{1}{2} F_{S2} = F_G \ .$$

Multiplikation der ersten Gleichung mit $(-\sqrt{3})$ und Addition zur zweiten sowie Multiplikation der zweiten Gleichung mit $\sqrt{3}$ und Addition zur ersten liefert

$$2 F_{S2} = F_G \ , \qquad\qquad F_{S2} = \frac{1}{2} F_G = 0,5 F_G \ ,$$

$$2 F_{S1} = \sqrt{3} F_G \ , \qquad\qquad F_{S1} = \frac{\sqrt{3}}{2} F_G = 0,866 F_G \ .$$

Diese Zahlenwerte können näherungsweise auch aus dem geschlossenen Kräfteplan von Bild 2.3 abgelesen werden. □

2.2 Beliebige Kräfte in der Ebene und Momente senkrecht zur Ebene

❯ 2.2.1 Beliebige Kräfte in der Ebene

Anstelle der in Abschnitt 2.1 betrachteten zentralen Kräftegruppe wird jetzt die allgemeinere (aber immer noch spezielle) Lastanordnung aus Kräften betrachtet, bei der die Wirkungslinien keinen gemeinsamen Schnittpunkt besitzen.

Zur Bestimmung der für den gesamten starren Körper statisch äquivalenten resultierenden Kraft können die Kräfte auf ihrer Wirkungslinie verschoben und wiederholt Kräfteparallelogramme gebildet werden. Diese Vorgehensweise zeigt Bild 2.4 am Beispiel von drei Kräften F_1, F_2, F_3.

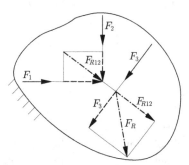

Bild 2.4. Grafische Bestimmung der resultierenden Kraft

Die grafische Lösung liefert Betrag, Richtungssinn und Lage der Wirkungslinie der resultierenden Kraft.

Das obige Ergebnis lässt auch eine analytische Lösung erwarten. Hierfür werden in einer weiteren Lastanordnung (Bild 2.5) zunächst zwei parallele Kräfte F_1, F_2 betrachtet (in Bild 2.5 mit Volllinien dargestellt, die Körperkontur wurde weggelassen). Diese sind in y-Richtung orientiert. Ihre grafische Zusammenfassung mittels Kräfteparallelogramm scheitert zunächst, gelingt aber durch Hinzufügung zweier gleich großer, entgegengesetzter, auf gleicher Wirkungslinie liegender Hilfskräfte F_H, die für sich im Gleichgewicht stehen und deshalb keinen Einfluss auf die resultierende Kraft haben.

Dem Bild 2.5 entnimmt man aus der Ähnlichkeit entsprechender Dreiecke

$$\frac{h}{b} = \frac{F_2}{F_H} \quad , \quad \frac{h}{a} = \frac{F_1}{F_H} \quad ,$$

woraus das bekannte Hebelgesetz von ARCHIMEDES

$$F_1 a = F_2 b$$

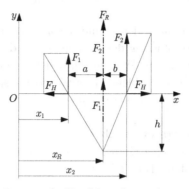

Bild 2.5. Bestimmung der Resultierenden zweier paralleler Kräfte

folgt. Dieses gilt auch ohne die im Allgemeinen nicht erlaubte, zu unterschiedlichen Wechselwirkungen im Körper führende Voraussetzung über die Verschiebbarkeit von Kraftangriffspunkten, ist dann aber als eigenständiger Erfahrungssatz anzunehmen (s. Abschnitt 2.2.3).

In das vom Bezugspunkt O unabhängige Hebelgesetz wird $b = x_2 - a - x_1$ eingesetzt und auf beiden Seiten $F_1 x_1$ addiert

$$F_1 a + F_1 x_1 = F_1(a + x_1) = F_2(x_2 - a - x_1) + F_1 x_1$$
$$= F_1 x_1 + F_2 x_2 - F_2(a + x_1)$$

bzw.

$$(F_1 + F_2)(a + x_1) = F_1 x_1 + F_2 x_2 \ .$$

Durch Zusammenfassung der Faktoren entsteht schließlich

$$F_R x_R = F_1 x_1 + F_2 x_2, \tag{2.5}$$

eine Gleichung, die nach Ausrechnung von F_R die Lage x_R der Wirkungslinie der resultierenden Kraft liefert. In (2.5) werden alle Terme nach der einheitlichen Vorschrift „Kraft mal Abstand der Wirkungslinie vom gemeinsamen Bezugspunkt" gebildet. Diese Terme heißen auch „Moment" der jeweiligen Kraft bezüglich des Bezugspunktes O oder gleichbedeutend bezüglich der zur x, y-Ebene senkrechten Achse durch den Punkt O. Gleichung (2.5) besagt, dass das Moment der resultierenden Kraft F_R gleich (statisch äquivalent) ist der Summe der Momente $F_i x_i$ bezüglich des gemeinsamen Bezugspunktes O. Das Ergebnis hängt wie im Fall der grafischen Lösung nicht von der Hilfskraft F_H und, wie schon festgestellt wurde, nicht von der Wahl des gemeinsamen Bezugspunktes ab. Es lässt sich auch auf mehr als zwei parallele Kräfte sowie auf Kräfte erweitern, die parallel zur x-Achse liegen. Da alle Kräfte einer beliebigen Anordnung nach der x- und der y-Richtung zerlegt werden können, liefert dann die Anwendung der Ergebnisse für die x- und y-Richtung einen Schnittpunkt, der auf der Wirkungslinie der resultierenden Kraft liegt, und damit die Lösung des Problems. Hierzu und für spätere Überlegungen wird im Folgenden der Begriff des Momentes etwas detaillierter gefasst.

❯ 2.2.2 Momente senkrecht zur Ebene

In der x, y-Ebene sei eine Kraft $\mathbf{F}$ mit dem Betrag F und den Vektorkoordinaten F_x, F_y gegeben (Bild 2.6).

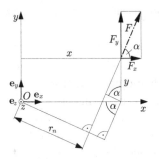

Bild 2.6. Zum Moment einer Kraft

Das Moment $\mathbf{M}^{(K)}$ der Kraft $\mathbf{F}$ bezüglich des Punktes O ist bestimmt durch die Definition

$$\mathbf{M}^{(K)} = M_z^{(K)} \mathbf{e}_z = F r_n \mathbf{e}_z \ . \tag{2.6}$$

In (2.6) ist $\mathbf{M}^{(K)}$ ein Vektor, der senkrecht auf dem Abstand r_n der Wirkungslinie der Kraft $\mathbf{F}$ vom Punkt O und der Wirkungslinie der Kraft $\mathbf{F}$ steht und dessen Richtungssinn durch die Rechtsschraube bestimmt wird, die $\mathbf{F}$ mit dem Abstand r_n um die z-Achse erzeugt. Er heißt deshalb auch axialer Vektor. Seine Einheit ist gemäß (2.6) Nm.

Sofern nur Momente parallel zur z-Achse in Betracht kommen, kann auf den Gebrauch des Einheitsvektors $\mathbf{e}_z$ verzichtet werden. Aus der Geometrie von Bild 2.6 folgt dann für die verbleibende Koordinate des Vektors $\mathbf{M}^{(K)}$ mit (2.6)

$$\begin{aligned} M_z^{(K)} = F r_n &= F(x \sin \alpha - y \cos \alpha) \\ &= (F \sin \alpha) x - (F \cos \alpha) y \\ &= F_y x - F_x y \ . \end{aligned} \tag{2.7}$$

Die Äquivalenzbetrachtung für n beliebige Kräfte und die dazugehörige resultierende Kraft $\mathbf{F}_R$ liefert

$$F_{Rx} = \sum_{i=1}^{n} F_{ix} \ , \qquad F_{Ry} = \sum_{i=1}^{n} F_{iy} \ , \qquad (2.8)$$

für $F_{Rx} \neq 0$, $F_{Ry} \neq 0$ analog zu (2.5)

$$x_R = \frac{1}{F_{Ry}} \Big(\sum_{i=1}^{n} F_{iy} x_i \Big) \ , \qquad y_R = \frac{1}{F_{Rx}} \Big(\sum_{i=1}^{n} F_{ix} y_i \Big) \ ,$$

d.h. einen Punkt x_R, y_R der Wirkungslinie von $\mathbf{F}_R$, sowie

$$M_{Rz} = F_{Ry} x_R - F_{Rx} y_R = \sum_{i=1}^{n} (F_{iy} x_i - F_{ix} y_i) = \sum_{i=1}^{n} M_{iz}^{(K)} \ . \qquad (2.9)$$

Die Geradengleichung der Wirkungslinie von $\mathbf{F}_R$ lautet mit dem Anstieg (2.2)

$$\frac{y - y_R}{x - x_R} = \frac{y - \Big(\sum\limits_{i=1}^{n} F_{ix} y_i \Big) \Big/ F_{Rx}}{x - \Big(\sum\limits_{i=1}^{n} F_{iy} x_i \Big) \Big/ F_{Ry}} = \frac{F_{Ry}}{F_{Rx}}$$

oder

$$y = \frac{F_{Ry}}{F_{Rx}} x - \frac{1}{F_{Rx}} \Big(\sum_{i=1}^{n} F_{iy} x_i - \sum_{i=1}^{n} F_{ix} y_i \Big)$$

und mit (2.9)

$$y = \frac{F_{Ry}}{F_{Rx}} x - \frac{M_{Rz}}{F_{Rx}} \ , \quad F_{Rx} \neq 0 \quad \text{bzw.} \quad x = \frac{M_{Rz}}{F_{Ry}} \ , \quad F_{Rx} = 0 \ . \qquad (2.10)$$

In (2.9) ist das Moment M_{Rz} der resultierenden Kraft $\mathbf{F}_R$ bezüglich des Punktes O gleich der Summe der Momente der Kräfte $M_{iz}^{(K)}$ bezüglich desselben Punktes O. Die Lage der resultierenden Kraft relativ zu den Kräften, aus denen sie berechnet wurde, hängt nicht von der Wahl des Bezugspunktes O bei der Aufstellung von (2.9) ab.

Beispiel 2.3
Gegeben sei eine Rechteckscheibe mit der Abmessung a und den Kräften $F_1 = F$, $F_2 = 2\sqrt{2}F$ (Bild 2.7). Gesucht ist die resultierende Kraft auf analytischem Weg.
Lösung:
Zunächst werden die Vektorkoordinaten und der Betrag der resultierenden Kraft gemäß (2.8), (2.2) bestimmt, wobei der Summationsindex an den Sum-

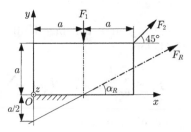

Bild 2.7. Zur analytischen Bestimmung der resultierenden Kraft

menzeichen zur Vereinfachung weggelassen wird.

$$F_{Rx} = \sum F_{ix} = F_2 \cos 45° = 2\sqrt{2}\frac{\sqrt{2}}{2}F = 2F \;,$$

$$F_{Ry} = \sum F_{iy} = -F_1 + F_2 \sin 45° = -F + 2\sqrt{2}\frac{\sqrt{2}}{2}F = F \;,$$

$$F_R = \sqrt{F_{Rx}^2 + F_{Ry}^2} = \sqrt{5}F \;.$$

Das Moment der resultierenden Kraft bezüglich des Punktes O ergibt sich aus (2.9)

$$
\begin{aligned}
M_{Rz} &= \sum (F_{iy}x_i - F_{ix}y_i) \\
&= -F_1 a + (F_2 \sin 45°)2a - (F_2 \cos 45°)a \\
&= -Fa + 2\sqrt{2}F\frac{\sqrt{2}}{2}2a - 2\sqrt{2}F\frac{\sqrt{2}}{2}a = Fa
\end{aligned}
$$

und die Gleichung der Wirkungslinie der resultierenden Kraft aus (2.10)

$$y = \frac{F_{Ry}}{F_{Rx}}x - \frac{M_{Rz}}{F_{Rx}} = \frac{F}{2F}x - \frac{Fa}{2F} = \frac{x}{2} - \frac{a}{2} \;.$$

Der Winkel α_R der Wirkungslinie zur x-Achse nach Bild 2.7 beträgt mit (2.2)

$$\tan \alpha_R = \frac{F_{Ry}}{F_{Rx}} = \frac{1}{2} \;, \qquad \alpha_R = 26{,}6° \;.$$

$\square$

In den bisherigen Betrachtungen existierte eine resultierende Kraft mit von null verschiedenem Betrag. Eine besondere Situation entsteht im Falle zweier gleich großer entgegengerichteter paralleler Kräfte mit verschiedenen Wirkungslinien (sogenanntes Kräftepaar, siehe Bild 2.8).
Gemäß Kräfteplan verschwindet die resultierende Kraft. Zu den bisher berücksichtigten Erfahrungen tritt jetzt eine weitere wichtige unabhängige Erfahrung hinzu, nämlich dass die Anordnung von Bild 2.8 sich trotz verschwin-

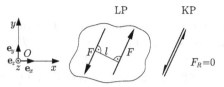

Bild 2.8. Kräftepaar mit Lageplan (LP) und Kräfteplan (KP)

dender resultierender Kraft nicht im Gleichgewicht befindet. Der Körper verlässt unter der Wirkung des Kräftepaares seinen Ruhezustand, indem er, anders als bei nichtverschwindender resultierender Kraft, eine rein rotatorische Bewegung ausführt. Für die in der Statik zu gebende Antwort auf die Frage, wie diese Art der Gleichgewichtsverletzung verhindert werden kann, wird das Moment $\mathbf{M}_{KP}$ des Kräftepaares eingeführt. Seine Definition lautet

$$\mathbf{M}_{KP} = F\, l\, \mathbf{e}_z \ . \tag{2.11}$$

In (2.11) bezeichnet l nach Bild 2.8 den Abstand zwischen den Wirkungslinien der beiden Kräfte. Dieser hängt im Gegensatz zu r_n in (2.6) definitionsgemäß nicht von einem Bezugspunkt ab. Die Größe $\mathbf{M}_{KP}$ (gemessen in Nm) ist ein axialer Vektor, der weder einen Bezugspunkt noch im Allgemeinen einen Angriffspunkt besitzt. Er steht senkrecht auf der Ebene des Kräftepaares, und sein Richtungssinn wird durch die Rechtsschraube bestimmt, die das Kräftepaar um die z-Achse erzeugt. Deshalb kann auch hier auf die Angabe des Einheitsvektors $\mathbf{e}_z$ verzichtet werden. Als einzige Koordinate des Vektors $\mathbf{M}_{KPz}$ verbleibt

$$M_{KPz} = Fl \ . \tag{2.12}$$

Für statische Äquivalenzbetrachtungen am gesamten Körper ist das Kräftepaar in der Ebene durch beliebige andere Kräftepaare von gleichem Momentenbetrag und mit gleichem Drehsinn ersetzbar. Dies zeigt Bild 2.9.

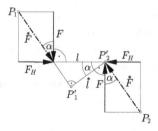

Bild 2.9. Statische Äquivalenz zweier Kräftepaare

Zu den im Abstand l gegebenen Kräften der Größe F werden zwei entgegengesetzt gleich große, auf einer gemeinsamen Wirkungslinie liegende Hilfskräfte F_H hinzugefügt, die die statische Gesamtsituation nicht ändern. Die Anwendung des Kräfteparallelogramms in Bild 2.9 ergibt

$$M_{KPz} = Fl = \overset{*}{F} \cos\alpha \, \frac{\overset{*}{l}}{\cos\alpha} = \overset{**}{F} \overset{**}{l} \,. \tag{2.13}$$

Die Äquivalenz (2.13) gestattet auch den Grenzübergang $\alpha \to \pi/2$, d.h. $\overset{*}{F}/F \to \infty$, $\overset{*}{l}/l \to 0$ mit $\overset{**}{F} \overset{**}{l} = Fl$. Werden dazu noch die Kraftangriffspunkte auf gleiche Höhe gebracht, z.B. durch Verschiebung des Punktes P_1 nach P_1' und des Punktes P_2 nach P_2', so entsteht das konzentrierte Moment eines Kräftepaares. Dieses besitzt einen Angriffspunkt an der Stelle, wo P_1' beliebig nahe an P_2' herangerückt wurde. Die Lage dieses Angriffspunktes beeinflusst wie beim Einzelmoment im Bild 1.5, wo der Momentenvektor in der Zeichenebene liegt, die Lastverteilung im Körper. Für das Gleichgewicht des gesamten starren Körpers ist sie genauso bedeutungslos wie die Verschiedenartigkeit der Bestandteile der Momente von Kräftepaaren mit gleichem Richtungssinn und gleichem Betrag gemäß (2.13).

Die Vektoreigenschaft der Momente von Kräften und Kräftepaaren ergibt sich mittels der Momentendefinition aus den Vektoreigenschaften von Abständen und Kräften. Die Vektoreigenschaft von Einzelmomenten ist, wie früher bemerkt, eine unabhängige Erfahrungstatsache. Als solche benötigt sie keinen Bezug zu den Vektoreigenschaften von Abständen und Kräften. Wir setzen aber die statische Äquivalenz zwischen Einzelmomenten und Momenten von Kräftepaaren voraus. Diese Äquivalenz wird durch die später zu akzeptierende, empirisch eingeführte allgemeine Momentenbilanz begründet. In einer solchen Äquivalenz stehen die Vektoreigenschaften des Einzelmomentes bei Verwendung der Gleichung (2.11) sowie des im Kapitel 6 angegebenen Kreuzproduktes (6.10) im Einklang mit den Vektoreigenschaften der Kräfte auf zwei gegebenen parallelen Wirkungslinien und des dazugehörigen Abstandvektors.

Einzelmomente, die hier voraussetzungsgemäß auf der Betrachterebene senkrecht stehen und deren Orientierung $\odot$ in z-Richtung auch durch das Symbol „$\curvearrowleft$" gemäß Rechtsschraube angezeigt wird, können unter Beachtung ihrer Vorzeichen durch algebraische Addition zu einem für den gesamten Körper statisch äquivalenten resultierenden Moment zusammengefasst werden. Bei statisch äquivalenter Zerlegung der Einzelmomente in Kräftepaare gemäß (2.12) würden die Vektoraddition der entstandenen Kräfte und die anschließende Berechnung des Momentes des Kräftepaares der resultierenden Kräfte zum gleichen Ergebnis führen.

Beispiel 2.4

Eine Scheibe sei durch drei Einzelmomente $M_1 = M$, $M_2 = 2M$, $M_3 = 4M$ belastet (Bild 2.10). Gesucht ist das resultierende Moment M_z.

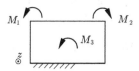

Bild 2.10. Scheibe mit drei Einzelmomenten

Lösung:

Das resultierende Moment M_z ergibt sich aus

$$M_z = M_1 - M_2 + M_3 = (1 - 2 + 4)M = 3M \ ,$$

wobei mögliche Angriffspunkte der M_k keine Bedeutung haben.   □

Im allgemeinen Belastungsfall liegen außer beliebigen Kräften $\mathbf{F}_i$ noch Einzelmomente $\mathbf{M}_k$, die senkrecht zur x, y-Ebene stehen, vor. Die resultierende Kraft wird dann wie bisher aus den Kräften ohne Berücksichtigung der Einzelmomente gebildet. Die beiden Teilergebnisse sind gemeinsam der Ausgangsanordnung des Belastungsfalles statisch äquivalent. Das gesamte resultierende Moment ist die Summe der Momente aller Kräfte bezüglich eines Punktes und aller Einzelmomente. Das gesamte resultierende Moment wird bei der Formulierung der Gleichgewichtsbedingungen und später in der Kinetik benötigt.

Beispiel 2.5

Eine Scheibe sei gemäß Bild 2.7 und Bild 2.10 der Beispiele 2.3 und 2.4 belastet (Bild 2.11).

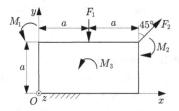

Bild 2.11. Scheibe unter Kräfte- und Momentenbelastung

Gesucht sind die resultierende Kraft und das gesamte resultierende Moment bezüglich des Punktes O.

Lösung:
Die resultierende Kraft ergibt sich wie im Beispiel 2.3 ohne Berücksichtigung der Einzelmomente M_1, M_2, M_3. Das gesamte resultierende Moment M_{Gz} bezüglich des Punktes O folgt aus dem Ergebnis für M_{Rz} des Beispiels 2.3 unter Hinzufügung des Ergebnisses für M_z von Beispiel 2.4.

$$M_{Gz} = M_{Rz} + M_z = Fa + 3M \ .$$

$\square$

Ergänzend ist noch der Begriff des Versatzmomentes zu erklären, der sich ergibt, wenn eine Kraftwirkungslinie unter Wahrung der statischen Äquivalenz für den gesamten Körper parallel verschoben wird (Bild 2.12).

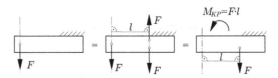

Bild 2.12. Statische Äquivalenz unter Berücksichtigung eines Versatzmomentes

Gemäß Bild 2.12 muss bei Parallelverschiebung der Kraftwirkungslinie des linken Bildes um den Abstand l das Versatzmoment $M_{KP} = Fl$, interpretierbar als Einzelmoment mit beliebigem Angriffspunkt, hinzugefügt werden. Die Äquivalenz kann auch von rechts nach links gelesen werden. Deshalb ist die aus dem gegebenen Moment M_{KP} und der Kraft F im rechten Bild bestehende Belastung der Kraft im linken Bild statisch äquivalent, sofern der Kraftbetrag nicht verschwindet. Dann lässt sich diese Kraft als eine Resultierende der Gesamtbelastung interpretieren, ein Begriff, den wir nicht weiter benutzen wollen.

Abschließend sei nochmals hervorgehoben, dass das Moment einer Kraft einen Bezugspunkt, das Einzelmoment aber einen Angriffspunkt besitzt. Das Moment eines Kräftepaares hängt nicht von einem Bezugspunkt ab.

❯ 2.2.3 Gleichgewichtsbedingungen

Das Gleichgewicht eines Körpers mit einem Einzelmoment als einzige Belastung ist erfahrungsgemäß nur möglich, wenn dieses Moment verschwindet. Greifen mehrere Einzelmomente an, so muss bei Gleichgewicht die Summe der Einzelmomente null sein.

Im allgemeinen Fall mehrerer beliebiger Kräfte $\mathbf{F}_i$ in der x, y-Ebene und zur x, y-Ebene senkrechter Einzelmomente $\mathbf{M}_k$ müssen zur Gewährleistung des Gleichgewichts die resultierende Kraft $\mathbf{F}_R$ und das gesamte resultierende Moment $\mathbf{M}_G$, gebildet als Summe aus den Momenten $\mathbf{M}_i^{(K)}$ der Kräfte bezüglich eines Bezugspunktes und den Einzelmomenten $\mathbf{M}_k$, gemeinsam verschwinden. Wegen der verschwindenden resultierenden Kraft ist der Bezugspunkt für die Bildung der Momente der Kräfte beliebig wählbar. Die beiden durch die Erfahrung begründeten Vektorgleichungen zur Gewährleistung des Gleichgewichts eines Körpers unter n Kräften $\mathbf{F}_i$ und m Einzelmomenten $\mathbf{M}_k$

$$\mathbf{F}_R = \sum_{i=1}^{n} \mathbf{F}_i = \mathbf{0} \,, \qquad \mathbf{M}_G = \sum_{i=1}^{n} \mathbf{M}_i^{(K)} + \sum_{k=1}^{m} \mathbf{M}_k = \mathbf{0} \qquad (2.14)$$

liefern in Koordinatendarstellung zwei Kräftegleichgewichtsbedingungen (Kräftebilanzen) und eine Momentengleichgewichtsbedingung (Momentenbilanz):

$$\sum_{i=1}^{n} F_{ix} = 0 \,, \quad \rightarrow: \ \ldots \,, \qquad \sum_{i=1}^{n} F_{iy} = 0 \,, \quad \uparrow: \ \ldots \,, \qquad (2.15)$$

$$\sum_{i=1}^{n} (x_i F_{iy} - y_i F_{ix}) + \sum_{k=1}^{m} M_{kz} = 0 \,, \quad \widehat{O}: \ \ldots \,. \qquad (2.16)$$

Die Zählpfeile „$\rightarrow$, $\uparrow$, $\curvearrowleft$" geben den für jede Gleichung einheitlich zu verwendenden Zählsinn an. Sie können jeweils auch unabhängig vom Bezugssystem gewählt werden. Der beliebige Bezugspunkt O für (2.16) soll daran erinnern, dass er für alle Terme in der linken Summe von (2.16) einheitlich gilt. Die Anzahl der Gleichungen (2.15), (2.16) stimmt mit dem Freiheitsgrad $f = 3$ des starren Körpers in der Ebene überein.

Die Gleichungen (2.15), (2.16) sind die mit der Beschränkung auf Kräfte in der Ebene und Momente senkrecht zur Ebene geltenden Grundgesetze der Statik. Sie beruhen auf zwei unabhängigen Erfahrungssätzen (Axiomen). Das Teilgleichungssystem (2.15) enthält die Aussage, dass ein rein translatorisch geführter Körper, wie z.B. in den letzten beiden Zeilen von Bild 3.4 gezeigt, nicht aus dem Zustand der Ruhe in eine translatorische Bewegung übergeht, wenn die resultierende Kraft in Richtung der Führung verschwindet. Diese Aussage ist schon bei STEVIN nachweisbar. Die zu (2.15) führende Behauptung, dass jeder Körper im Zustand der Ruhe oder der gleichförmigen geradlinigen Bewegung bleibt, wenn er nicht durch auferlegte Kräfte gezwungen wird, diesen Zustand zu ändern (dies entspricht NEWTONs erstem Axiom), lässt mögliche Drehungen außerhalb der Betrachtung. Insofern garantiert (2.15) allein nicht die Aufrechterhaltung des Ruhezustandes. Hierfür muss zusätzlich (2.16) erfüllt werden, was den vollständigen Freischnitt des Körpers erfordert. Der ergänzte, nicht aus (2.15) gewinnbare Gleichungssatz

(2.15), (2.16), der wegen der linken Summe in (2.16) das ARCHIMEDES-sche Hebelgesetz enthält, wird hauptsächlich EULER zugeschrieben. Es sei nochmals betont, dass mit (2.16) auch dann eine Gleichgewichtsforderung bestehen bleibt, wenn alle Kräfte für sich verschwinden, d.h. nur Einzelmomente auftreten. Im Vergleich zu dieser einfachen Situation ist das Gleichgewichtsstudium bei alleiniger Belastung des Körpers durch beliebige Kräfte schwieriger, da in diesem Fall das gesamte Gleichungssystem (2.15), (2.16) betrachtet werden muss.

Das bereits vor NEWTON bekannte Kräfteparallelogramm und das Hebelgesetz des ARCHIMEDES als wesentliche Bestandteile der Statik von Körpern belegen die historisch und logisch eigenständige Entwicklung der Statik innerhalb der Mechanik. Ihr intuitives Verständnis kann schon den Ingenieuren des Altertums unterstellt werden, die viele anspruchsvolle, noch heute bestehende Bauwerke geschaffen haben.

Die Berechtigung der in Abschnitt 2.2.2 vorausgesetzten statischen Äquivalenz zwischen Einzelmomenten und Momenten von Kräftepaaren ergibt sich aus (2.15), (2.16), wenn in (2.16) die Einzelmomente durch entgegengesetzt gleich große Terme ersetzt werden, da der linke Summand von (2.16) wegen (2.15) das Moment eines Kräftepaares darstellt.

Die Gültigkeit von (2.15), (2.16) wird für den gesamten Körper und beliebige Teile von ihm gefordert. Hiermit kann der noch fehlende Nachweis erbracht werden, dass die Schnittlasten paarweise mit entgegengesetzt gleich großen Partnern auftreten. Dies wird am Beispiel eines Stabes unter Zugbelastung gezeigt (Bild 2.13).

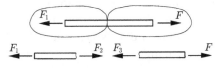

Bild 2.13. Schnittlastbetrachtung

Gleichgewicht des gesamten Körpers erfordert

$$\rightarrow: \quad -F_1 + F = 0 \ , \qquad F_1 = F \ .$$

Gleichgewicht der Teile des Körpers ergibt

$$\rightarrow: \quad -F_1 + F_2 = 0 \ , \qquad F_2 = F_1 = F \ ,$$
$$\rightarrow: \quad -F_3 + F = 0 \ , \qquad F_3 = F = F_2 \ .$$

Analoges gilt für die später benötigten quer zum Stab orientierten Schnittkräfte und für Schnittmomente.

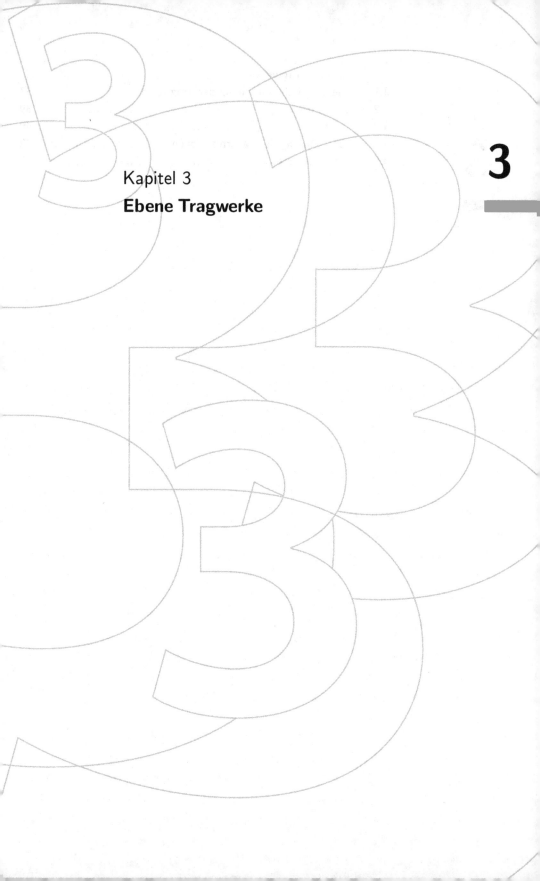

Kapitel 3
Ebene Tragwerke

3

3 **Ebene Tragwerke**

3

3 Ebene Tragwerke

Beim bisherigen Studium der Äquivalenz von Kräften und Momenten an Körpern wurde nur die geometrische Anordnung der Lasten betrachtet. Reale Bauteile nehmen Lasten auf (auch als eingeprägte Lasten bezeichnet), die über Lager (auch Auflager) an die Umgebung weitergeleitet werden. Die weitergeleiteten Lasten wecken in den Lagern Reaktionen, die auf das Bauteil zurückwirken und so das Gleichgewicht sichern. Der Begriff des Tragwerkes umfasst neben dem Bauteil und den zugelassenen Lasten auch die Lager. In einem statischen Modell wird das reale Bauteil durch einen einfachen Körper ersetzt, der je nach Geometrie und Belastung häufig eine spezielle mechanische Bezeichnung erhält. Außerdem ist die komplizierte konstruktive Ausbildung realer Lager durch vereinfachende Annahmen auf überschaubare simple Lagertypen zu reduzieren. Beide Maßnahmen erfordern Kenntnisse über die wirkliche Konstruktion und sind deshalb nicht Gegenstand dieser Ausführungen. Die hier zu behandelnden Tragwerke liegen bereits als statisches Modell vor und bestehen aus dem belasteten Körper und einfachen typisierten Lagern. Umfassen Tragwerksmodelle mehrere Körper, so sprechen wir von zusammengesetzten Tragwerken. Ein einfaches Beispiel hierfür zeigt Bild 3.1. Dort ist ein starrer Balken in einer als Lager bezeichneten starren Wand eingespannt. An seinem rechten Ende befindet sich eine feste Rolle, die sich reibungsfrei drehen kann. Über die Rolle wird ein biegeschlaffes Seil geführt, an dessen einem Ende ein Gewicht vertikal hängt und dessen anderes Ende an der Wand befestigt ist. Es können z.B. die Lagerreaktionen von Interesse sein.

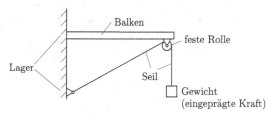

Bild 3.1. Tragwerksbeispiel

3.1 Geometrische Einteilung der Tragwerke

Linienförmige Tragwerke liegen vor, wenn eine Hauptabmessung deutlich größer als die beiden anderen Abmessungen ist. Als Beispiel hierfür gibt Bild 3.2 einen unterschiedlich belasteten Stab und einen gekrümmten Balken wieder, wobei die Einzelmomente M_t beim Torsionsstab und M beim geraden Balken aus der ebenen Statik, die entsprechend Kapitel 2 nur Kräfte in der Betrachterebene und Momente senkrecht dazu berücksichtigt, hinausführen. Erstmals tritt auch im Fall des Balkens eine auf einer Linie verteilte Kraft (als Linienkraftdichte bezeichnet) auf.

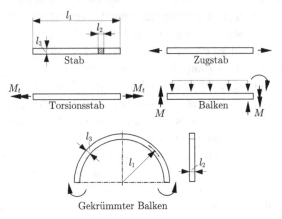

Bild 3.2. Linienförmige Tragwerke für $l_1 \gg l_2, l_3$

Bei Flächentragwerken übersteigen zwei Hauptabmessungen deutlich die dritte (Bild 3.3). Die Beispiele enthalten eine in ihrer Ebene durch verteilte Kräfte belastete Scheibe (Bild 3.3a), eine durch eine Linienmomentendichte belastete Platte (Bild 3.3b) und eine durch eine Flächenkraftdichte (Innendruck) belastete Schale (Bild 3.3c).

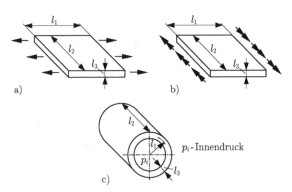

Bild 3.3. Flächentragwerke für $l_1, l_2 \gg l_3$; Scheibe a), Platte b) und Schale c)

Einführend werden einfache, d.h. aus einem Bauteil oder Körper bestehende, linien- und scheibenförmige Tragwerke, die durch Kräfte in der Ebene des Tragwerkes und Momente senkrecht zu dieser Ebene belastet sind (ebene Tragwerke), behandelt, in der Ebene liegende Momente wie beim Torsionsstab und geraden Balken sowie hier nicht angegebene Kräfte senkrecht zur Ebene also ausgeschlossen.

Außer in extra zu untersuchenden Fällen wird künftig die Bemaßung der Mittellinie von Stäben und Balken wegen $l_1 >> l_2, l_3$ der Bemaßung einer der beiden Linien der durch den Doppelstrich symbolisierten Kontur näherungsweise gleichgesetzt.

3.2 Lagerarten

Gemäß der in Abschnitt 3.1 definierten Belastung muss der Freiheitsgrad f der noch nicht gelagerten, ebenen Tragwerke, der zwei Verschiebungen in der Ebene und eine Drehung um eine Achse senkrecht zur Ebene, also $f = 3$ Bewegungsmöglichkeiten umfasst, auf $f_r = 0$ reduziert werden. Dabei bleiben die aus der Ebene herausführenden Bewegungsmöglichkeiten, die in der Realität meist konstruktiv verhindert sind, außerhalb der Betrachtung. Die Reduktion des Freiheitsgrades wird durch unterschiedliche Lagerkonstruktionen verwirklicht, die eine, zwei oder drei Bindungen mit der Umgebung gewährleisten, so dass mit allen beteiligten Lagern zusammen die Bedingung $f_r = 0$ erfüllt wird. Dieser Zustand heißt auch statisch bestimmt und wird im Folgenden vorausgesetzt. Die Lager tragen nach der Anzahl ihrer Bindungen die Bezeichnung ein-, zwei- oder dreizählig.

Die mehr oder weniger komplizierten realen Lagerkonstruktionen werden zu Modellen idealisiert, die symbolisch die gebundenen und die frei gebliebenen Bewegungsmöglichkeiten darstellen und folglich nach dem Freimachen (auch Freischneiden) eine eindeutige Aussage über die vom Lager auf das Bauteil ausübbare Belastung (Lagerreaktion) erlauben.

Bild 3.4 enthält einige wichtige Beispiele für verschiedene Lager, ihre Bezeichnung, das Symbol für das Modell, die dazugehörigen möglichen Lagerreaktionen (Einzelkräfte und -momente, deren Zählpfeile auch entgegengesetzt zum eingetragenen Richtungssinn angenommen werden dürfen) für den Fall des Auftretens beliebiger, hier nicht angegebener, eingeprägter Lasten und den verbliebenen Freiheitsgrad f_L des Tragwerkes am Lager, der zusammen mit der Zahl der Lagerreaktionen den Freiheitsgrad $f = 3$ des starren Körpers in der Ebene ergeben muss. Balken werden im Symbol als Doppellinie gezeichnet, nach dem Freimachen vom Lager vereinfacht als fette Volllinie. Die gelenkige Verbindung zwischen symbolisiertem Lagerbock und Balkenende (s. zweizähliges Festlager) wird gleichbedeutend durch das scharnierartige Symbol bzw. die Spitzenlagerung dargestellt, wobei die geringfügige Exzentrizität der Spitze außerhalb der Balkenachse unbeachtet bleibt. Das Loslager realisiert eine Kraft senkrecht zu seiner Verschieblichkeit. Das Festlager und die

Einspannung lassen verschiedene Lagerkraftzerlegungen zu, deren zwei Komponenten nicht notwendig senkrecht aufeinander stehen müssen. Die Einspannung kann jedoch zusätzlich noch ein Einzelmoment auf das Bauteil ausüben. Gelenke und Führungen werden spiel- und reibungsfrei angenommen.

Bezeichnung	Symbol	Art und Anzahl der Lagerreaktionen	Freiheitsgrad am Lager
gelenkiges Los- oder Rollenlager (einzählig)	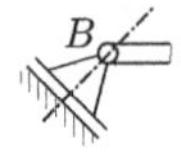 B	 F_B	$f_L=2$ 1 Verschiebung 1 Drehung um B
Festlager (zweizählig)	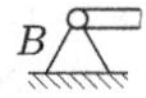 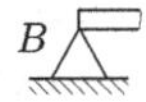 B B	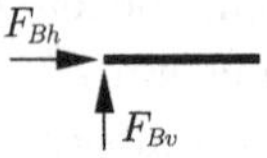 F_{Bh} F_{Bv} auch 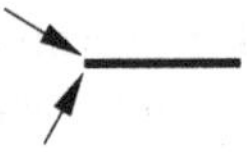	$f_L=1$ 1 Drehung um B
Einspannung (dreizählig)	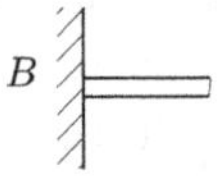 B	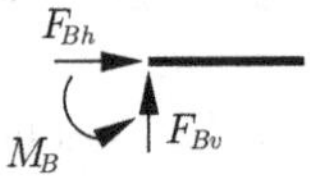 F_{Bh} F_{Bv} M_B	$f_L=0$
parallele Führung (zweizählig)	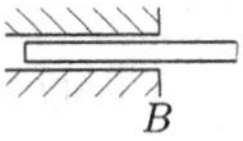 B	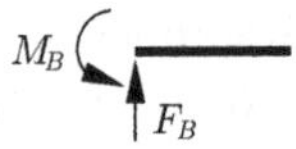 M_B F_B	$f_L=1$ 1 Verschiebung
orthogonale Führung (zweizählig)	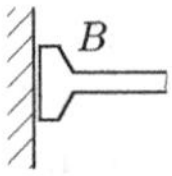 B	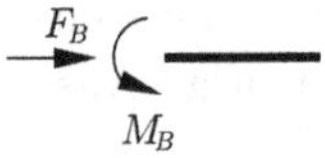 F_B M_B	$f_L=1$ 1 Verschiebung

Bild 3.4. Beispiele für Lagerarten

3.3 Lasten

Die in der Realität auf Tragwerke wirkenden eingeprägten Lasten müssen idealisiert werden. Die am weitesten gehende Vereinfachung führt zu den schon benutzten Lasten Einzelkraft und Einzelmoment (siehe Abschnitt 1.2). Linienförmige Tragwerke können in der Ebene durch verteilte Kräfte quer oder längs zur Stabachse belastet werden (Bild 3.5). Diese Linienkraftdichten werden in N/m gemessen. Ihr Wert kann vom Ort abhängen und wird dann durch eine Funktion der Ortskoordinate $q(s)$ bzw. $q_l(s)$ angegeben. Man

spricht von Streckenlasten, obwohl das allgemeinere Wort Last auch Momente
beinhaltet.

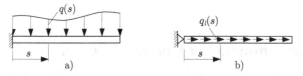

Bild 3.5. Streckenlasten: a) Balken, b) Zugstab

Verteilte Momente, die senkrecht auf der Betrachterebene stehen, werden
durch eine Linienmomentendichte $m(s)$ mit der Einheit Nm/m=N beschrieben (Bild 3.6).

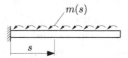

Bild 3.6. Linienmomentendichte beim Balken

Die Lasten von Bild 3.5 und 3.6 können auch als Querschnittsmittelwerte von
Volumenlastdichten aufgefasst werden, für deren Beschreibung eine Funktion
von einer Variablen ausreicht.

Das Beispiel einer tangentialen Flächenkraftdichte t infolge gleichmäßig verteilten Gewichts in einer homogenen Scheibe der Dicke h mit konstanter
Volumenmassendichte ρ demonstriert Bild 3.7. Mit der Volumenmassendichte ρ und der Erdbeschleunigung $g = 9,81\,\mathrm{ms}^{-2}$ ergibt sich zunächst eine zur
Scheibenebene tangential orientierte Volumenkraftdichte (Wichte) $\gamma = \rho g$
und damit die tangentiale Flächenlast $t = \gamma h = \rho g h$ in der Einheit

$$[t] = [\gamma h] = [\rho g h] = \frac{\mathrm{kg}}{\mathrm{m}^3}\,\frac{\mathrm{m}}{\mathrm{s}^2}\mathrm{m} = \frac{\mathrm{N}}{\mathrm{m}^2}\;.$$

Für $b << a$ entsteht ein Balken, der durch die konstante Streckenlast $q = tb$
belastet ist. Eine in Balkenachsrichtung veränderliche Höhe $b << a$ würde
zu einer variablen Streckenlast führen.

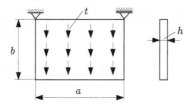

Bild 3.7. Tangentiale Flächenkraftdichte (auch Flächenlast)

Auf Flächentragwerke wirken häufig normal orientierte Flächenlasten. Denkbar sind auch Linientorsionsmomentendichten bei Stäben, seltener Flächenmomenten- und Volumenmomentendichten.

3.4 Bestimmung der Lagerreaktionen

Aus den bisher bereitgestellten Informationen ergibt sich die Vorgehensweise zur Bestimmung der Lagerreaktionen:

a) Mittels eines geschlossenen Schnittes durch alle Lager wird das Tragwerk von seiner Umgebung gelöst (befreit, freigemacht, freigeschnitten). Die auf das Tragwerk ausgeübten Lagerreaktionen entsprechend den geschnittenen Bindungen werden eingetragen. Wegen der vorausgesetzten statischen Bestimmtheit treten drei Lagerreaktionen auf.

b) Die Gleichgewichtsbedingungen sind gemäß (2.15), (2.16) aufzustellen. Anstelle der Zählrichtungen → und ↑ können auch zwei beliebige nicht parallele Zählrichtungen benutzt (günstig für schräge Anordnungen) und Kraftgleichungen durch Momentengleichungen ersetzt werden (dies wird am Beispiel erläutert).

c) Aus den Gleichgewichtsbedingungen sind die Lagerreaktionen zu berechnen.

d) Es empfiehlt sich, das Ergebnis Kontrollen, deren Erfüllung notwendig ist, zu unterziehen.

Beispiel 3.1

Ein gestützter Balken der Länge $2a$ wird mittig durch die Kraft F belastet (Bild 3.8). Gesucht sind die Lagerreaktionen.

Lösung:

Mittels des geschlossenen Schnittes entstehen zwei Teile, der Balken mit der eingeprägten Kraft und den auf ihn wirkenden Lagerreaktionskräften entsprechend Bild 3.4 sowie die Umgebung, symbolisiert durch die abgetrennten Lagerteile mit den zu den Lagerreaktionskräften entgegengesetzt gleich großen Kräften, die der Balken auf die abgetrennten Lagerteile ausübt. Letztere werden künftig weggelassen. Hinsichtlich der Indexbezeichnungen für die Kräfte in der Ebene wurden an Stelle von x bzw. y der Index h (horizontal) bzw. v (vertikal) eingeführt. Diese zweckmäßige Bezeichnung kann auch für die später zu benutzenden gleich großen, aber entgegengerichteten Gelenkkräfte in zusammengesetzten Tragwerken beibehalten werden.

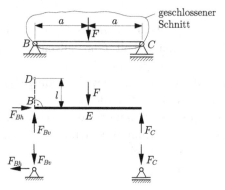

Bild 3.8. Zur Bestimmung der Lagerkräfte eines Balkens

Die Gleichgewichtsbedingungen (2.15), (2.16) für den Balken liefern

$$\rightarrow: \quad F_{Bh} = 0 \ ,$$

$$\uparrow: \quad F_{Bv} + F_C - F = 0 \ ,$$

$$\widehat{B}: \quad -Fa + F_C 2a = 0 \ ,$$

mit dem Ergebnis

$$F_C = \frac{F}{2} \ , \qquad F_{Bv} = \frac{F}{2} \ .$$

Zur Bestimmung von F_{Bv} wurden beide Gleichungen $\uparrow$, $\widehat{B}$ benötigt. An Stelle von $\uparrow$ hätte eine weitere Momentengleichung um einen von B verschiedenen Bezugspunkt C, der zusammen mit B eine auf der Richtung von $\rightarrow$ nicht senkrecht stehende Gerade festlegt,

$$\widehat{C}: \quad -F_{Bv} 2a + Fa = 0 \ , \qquad F_{Bv} = \frac{F}{2}$$

das Ergebnis für F_{Bv} vorteilhaft direkt geliefert. Die statt $\uparrow$ ausgeführte Momentengleichung um D

$$\widehat{D}: \quad F_{Bh} l - Fa + F_C 2a = 0 \ , \qquad l \neq 0$$

(die Gerade BD bildet mit der Richtung $\rightarrow$ einen rechten Winkel) ergibt zusammen mit $F_{Bh} = 0$ aus $\rightarrow$ die Gleichung $\widehat{B}$, also keine neue Information. Andererseits gewinnt man aus ihr und $\widehat{B}$ das Ergebnis $\rightarrow$, d.h. die Bedingungen $\widehat{B}$, $\widehat{C}$, $\widehat{D}$ sind den Bedingungen $\uparrow$, $\rightarrow$, $\widehat{B}$ gleichwertig. Voraussetzung war allerdings, dass B, C, D nicht auf einer Geraden liegen, wie das Gegenbeispiel

$$\widehat{E}: \quad -F_{Bv} a + F_C a = 0$$

zeigt, das eine zu $\widehat{B}$, $\widehat{C}$ linear abhängige Gleichung liefert, die gegenüber $\widehat{B}$, $\widehat{C}$ keine neue Information enthält. Ohne allgemeinen Beweis ist festzustellen, dass der in diesem Beispiel demonstrierte Ersatz von Kräftegleichgewichtsbedingungen durch Momentengleichgewichtsbedingungen sinngemäß in beliebigen anderen Fällen ausgeführt werden darf.

Abschließend sei auf die Symmetrie der Anordnung von Bild 3.8 infolge $F_{Bh} = 0$ verwiesen. Die Symmetrie ist mit $F_C = F_{Bv}$ erfüllt und stellt eine zusätzliche Kontrollmöglichkeit dar.   □

Beispiel 3.2

Ein bei B eingespannter Balken der Länge l ist durch zwei Kräfte F_1, F_2 und das Einzelmoment M_0 belastet (Bild 3.9). Gesucht sind die Lagerreaktionen.

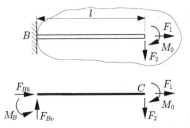

Bild 3.9. Zur Bestimmung der Lagerreaktionen des eingespannten Balkens

Lösung:

Der geschlossene Schnitt liefert den freigemachten Balken mit den auf ihn wirkenden Lagerreaktionen gemäß Bild 3.4. Die Gleichgewichtsbedingungen (2.15), (2.16) ergeben

$$\rightarrow: \quad F_{Bh} + F_1 = 0 \,, \qquad F_{Bh} = -F_1 \,,$$
$$\uparrow: \quad F_{Bv} - F_2 = 0 \,, \qquad F_{Bv} = F_2 \,,$$
$$\widehat{B}: \quad M_B - F_2 l - M_0 = 0 \,, \qquad M_B = F_2 l + M_0 \,.$$

Anstelle von $\widehat{B}$ oder als Kontrolle ist auch z.B.

$$\widehat{C}: \quad M_B - F_{Bv} l - M_0 = 0 \,, \qquad M_B = F_{Bv} l + M_0 = F_2 l + M_0$$

möglich.

Die Anordnung von Bild 3.9 enthält auch den speziellen Lastfall $F_1 = F_2 = 0$, für den die beiden Kräftebilanzen verschwindende Lagerkräfte liefern und die verbleibende Momentenbilanz

$$M_B - M_0 = 0$$

nur Einzelmomente enthält, was die Bedeutung des rechten Summanden in
(2.16) unterstreicht.   □

Beispiel 3.3
Ein gestützter Balken der Länge l ist durch zwei Einzelmomente M_1, M_2
belastet (Bild 3.10). Das Einzelmoment M_1 greift am rechten Balkenende
an, das Einzelmoment M_2 an einer beliebigen Balkenstelle. Gesucht sind die
Lagerreaktionen.

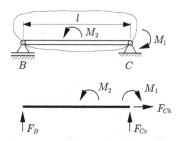

Bild 3.10. Durch Einzelmomente belasteter Balken

Lösung:
Die Gleichgewichtsbedingungen (2.15), (2.16) für den freigemachten Balken
liefern

$$\rightarrow: \quad F_{Ch} = 0 \;,$$
$$\uparrow: \quad F_B + F_{Cv} = 0 \;,$$
$$\overset{\frown}{B}: \quad M_2 - M_1 + F_{Cv}l = 0$$

und nach Auflösung

$$F_{Cv} = \frac{1}{l}(M_1 - M_2) \;, \qquad F_B = -\frac{1}{l}(M_1 - M_2) \;.$$

Eine zusätzliche Momentenbedingung

$$\overset{\frown}{C}: \quad -F_B\, l + M_2 - M_1 = 0 \;, \qquad F_B = \frac{1}{l}(M_2 - M_1)$$

bestätigt das Ergebnis.
Bemerkung:
Die Lage der Angriffspunkte der Einzelmomente beeinflusst erwartungsgemäß nicht die Lagerreaktionen. Der in Bild 3.10 enthaltene einfachere
Fall $M_1 = 0$ zeigt deutlich die im Abschnitt 1.2.2 vorweggenommene und
in (2.16) auf die Erfahrung gestützte Vergleichbarkeit des Einzelmomentes
M_2 mit dem Moment lF_B des aus den Lagerreaktionen und ihrem Abstand
gebildeten Kräftepaares. Er demonstriert auch die in den Abschnitten 2.2.2

und 2.2.3 angesprochene statische Äquivalenz zwischen dem Einzelmoment M_2 und dem Moment $-lF_B$.   □

Beispiel 3.4

Ein abgewinkelter gestützter Balken ist durch zwei Kräfte $F_1 = 2F$, $F_2 = F$ und durch eine Einzelmoment $M_0 = 2Fa$ belastet (Bild 3.11). Gesucht sind die Lagerreaktionen.

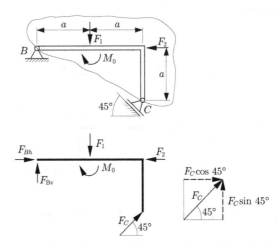

Bild 3.11. Zu den Lagerreaktionen des abgewinkelten Balkens

Lösung:
Nach dem Freimachen werden die Gleichgewichtsbedingungen aufgestellt und ausgewertet.

$$\stackrel{\frown}{B}: \quad -F_1 a - M_0 + F_C \frac{\sqrt{2}}{2}(2a + a) = 0 \ , \qquad F_C = \frac{4}{3}\sqrt{2}F \ .$$

Hier wurde die Lagerkraft F_C in horizontale und vertikale Komponenten zerlegt und $\sin 45° = \cos 45° = \frac{\sqrt{2}}{2}$ eingesetzt.

$$\rightarrow: \quad F_{Bh} - F_2 + F_C \frac{\sqrt{2}}{2} = 0 \ , \qquad F_{Bh} = F - \frac{4}{3}\sqrt{2}\frac{\sqrt{2}}{2}F = -\frac{F}{3} \ ,$$

$$\uparrow: \quad F_{Bv} - F_1 + F_C \frac{\sqrt{2}}{2} = 0 \ , \qquad F_{Bv} = 2F - \frac{4}{3}F = \frac{2}{3}F \ .$$

Die Kontrolle nach Eintragung der zahlenmäßigen Ergebnisse unter Berücksichtigung der Vorzeichen und einer zusätzlichen Momentengleichung (Bild 3.12) bestätigt die Richtigkeit der Lösung. Zweckmäßigerweise werden dabei

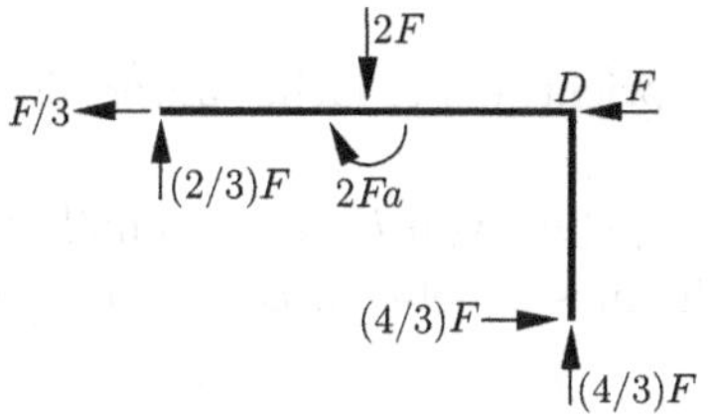

$|2F$

$F/3 \leftarrow$ $D \underset{}{\swarrow} F$

$\uparrow(2/3)F$ $2Fa$

$(4/3)F \rightarrow$

$\downarrow(4/3)F$

Bild 3.12. Kontrolle des Gleichgewichts des Balkens nach Bild 3.11

die entstehenden Gleichungen von den Einheiten F bzw. Fa befreit.

$$\rightarrow: \quad -\frac{1}{3} - 1 + \frac{4}{3} = 0 \;, \quad \uparrow: \quad \frac{2}{3} - 2 + \frac{4}{3} = 0 \;, \quad \overset{\frown}{D}: \quad -\frac{2}{3}2 + 2 - 2 + \frac{4}{3} = 0 \;.$$

□

3.5 Streckenlasten

Unterschiedliche Lastarten wurden bereits im Abschnitt 3.3 besprochen. Im Folgenden werden Streckenlasten auf geraden Stab- bzw. Balkenabschnitten behandelt. Bei der Bestimmung der Lagerreaktionen sind die Streckenlasten zweckmäßig durch statisch äquivalente Einzellasten zu ersetzen. Der häufigste Fall ist der mit einer quer zur Balkenachse wirkenden Streckenlast $q(s)$ (Bild 3.13). Die außerhalb des Intervalls $0 \leq s \leq a$ befindlichen Lagerreaktionen wurden hier und in den folgenden Bildern 3.14, 3.15 ausnahmsweise nicht eingetragen.

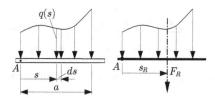

Bild 3.13. Zur Bestimmung der resultierenden Kraft der Streckenlast

Die statisch äquivalente Einzelkraft der Streckenlast ergibt sich als resultierende Kraft der Streckenlast. Der Betrag der resultierenden Kraft F_R der Streckenlast wird analog zu (2.8), allerdings mit Ersatz der endlichen Summe durch ein bestimmtes Integral, ermittelt

$$F_R = \int_0^a q(s)ds \;. \tag{3.1}$$

Der Wert F_R entspricht der Fläche unter der Kurve $q(s)$ im Intervall $0 \leq s \leq a$.

Die Lage der Wirkungslinie von F_R folgt gemäß (2.9) aus der Äquivalenz der Momente bezüglich eines beliebigen Bezugspunktes, z.B. A, und für beliebigen Zählsinn

$$F_R s_R = \int_0^a q(s) s\, ds \ . \tag{3.2}$$

Dabei wurde statt der endlichen Summe von (2.9) in (3.2) das bestimmte Integral als unendliche Summe der elementaren Momente $q(s) s\, ds$ der elementaren Kräfte $q(s) ds$ mit dem Abstand s bezüglich A benutzt.

Die mit (3.1), (3.2) berechnete Lagekoordinate s_R der Wirkungslinie von F_R

$$s_R = \frac{1}{F_R} \int_0^a q(s) s\, ds \tag{3.3}$$

stellt gleichzeitig die horizontale Schwerpunktkoordinate der Fläche unter $q(s)$ über dem Intervall $0 \leq s \leq a$ dar. Dieser Sachverhalt wird in Kapitel 9 bei der Schwerpunktberechnung wieder aufgegriffen.

Für die allgemeine Funktion $q(s)$ existieren zwei wichtige Sonderfälle.

Die konstante Streckenlast $q(s) = q_0$ (Bild 3.14) ergibt mit der Auswertung von (3.1) und (3.3) bzw. aus der symmetrischen Rechteckfläche im linken Teil von Bild 3.14 das Ergebnis $F_R = q_0 a$ mit der im rechten Teil von Bild 3.14 eingezeichneten Lage von F_R.

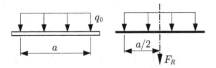

Bild 3.14. Konstante Streckenlast q_0 und ihre resultierende Kraft F_R

Die linear verteilte Streckenlast $q(s)$ (Bild 3.15) ist zunächst hinsichtlich ihrer Funktion festzulegen.

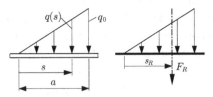

Bild 3.15. Linear verteilte Streckenlast und ihre resultierende Kraft F_R

Aus dem Strahlensatz folgt

$$q(s) = \frac{q_0}{a} s$$

und mit (3.1)

$$F_R = \int_0^a \frac{q_0}{a} s \, ds = \frac{q_0}{a} \frac{a^2}{2} = \frac{1}{2} q_0 a \qquad (3.4)$$

bzw. mit (3.3)

$$s_R = \frac{1}{F_R} \int_0^a \frac{q_0}{a} s^2 ds = \frac{2}{q_0 a} \frac{q_0}{a} \frac{a^3}{3} = \frac{2}{3} a \, , \qquad (3.5)$$

d.h. eine der bekannten Schwerpunktkoordinaten des rechtwinkligen Dreiecks.

Die Verwendung äquivalenter Einzelkräfte für die Berechnung von Lagerreaktionen wird im Folgenden demonstriert.

Beispiel 3.5

Ein eingespannter abgewinkelter Balken unterliegt einer linear verteilten Streckenquerbelastung (Bild 3.16). Gesucht sind die Lagerreaktionen.

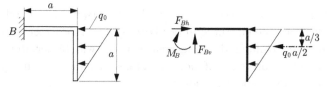

Bild 3.16. Statisch äquivalente Einzelkraft für die Lagerreaktionsbestimmung

Lösung:

Nach dem Freimachen (die geschlossene Schnittlinie wird in übersichtlichen Situationen nicht mehr eingezeichnet) und dem Eintragen der statisch äquivalenten Einzelkraft ergibt sich

$$\rightarrow : \quad F_{Bh} - \frac{1}{2} q_0 a = 0 \, , \qquad\qquad F_{Bh} = \frac{1}{2} q_0 a \, ,$$

$$\uparrow : \quad F_{Bv} = 0 \, ,$$

$$\overset{\frown}{B} : \quad -M_B - \frac{1}{2} q_0 a \frac{a}{3} = 0 \, , \qquad M_B = -\frac{1}{6} q_0 a^2 \, .$$

□

Im weiteren Fall einer in Stabachsenrichtung orientierten Linienkraftdichte gilt (3.1) sinngemäß, wobei die Wirkungslinie der Resultierenden mit der Stabachse zusammenfällt.

Beispiel 3.6

Ein im Lager B aufgehängter Stab mit der Länge l, der Querschnittsfläche A und der homogen verteilten Volumenmassendichte ρ unterliegt seinem Eigengewicht infolge der Erdbeschleunigung g (Bild 3.17). Gesucht ist die Lagerkraft.

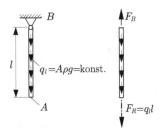

Bild 3.17. Stab unter gleichmäßig verteiltem Eigengewicht

Lösung:
Aus dem vertikalen Kräftegleichgewicht ergibt sich

$$\uparrow: \quad F_B - q_l l = 0 \ , \qquad F_B = q_l l = Al\rho g \ .$$

Wäre die Querschnittsfläche des Stabes von Bild 3.17 in Achsrichtung veränderlich, müsste ein Integral der Form (3.1) ausgewertet werden.

Für die Berechnung der Lagerreaktion ist wie bisher die Lage des Angriffspunktes von F_R auf der Wirkungslinie, die hier mit der Stabachse zusammenfällt, bedeutungslos.   □

Liegt eine Linienmomentendichteverteilung vor, muss zur Berechnung des statisch äquivalenten resultierenden Momentes für die Ermittlung der Lagerreaktionen nur wieder ein Integral der Form (3.1) ausgewertet werden.

Beispiel 3.7

Ein gestützter Balken der Länge l ist durch eine linear verteilte Linienmomentendichte $m(s)$ belastet (Bild 3.18). Man berechne das resultierende Moment M_R der Linienmomentendichtverteilung und die Lagerreaktionen.
Lösung:
Aus dem Strahlensatz ergibt sich die funktionelle Abhängigkeit der Momentendichte von der Balkenkoordinate

$$m(s) = \frac{m_0}{l} s \ .$$

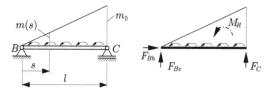

Bild 3.18. Balken unter linear verteilter Momentenbelastung

Das resultierende Moment M_R ist

$$M_R = \int\limits_0^l m(s)ds = \frac{m_0}{l} \int\limits_0^l s\,ds = \frac{1}{2}m_0 l \ .$$

Die Gleichgewichtsbedingungen liefern

$$\rightarrow: \quad F_{Bh} = 0 \ ,$$

$$\stackrel{\curvearrowright}{B}: \quad M_R + F_C l = 0 \ , \qquad F_C = -\frac{M_R}{l} = -\frac{1}{2}m_0 \ ,$$

$$\stackrel{\curvearrowright}{C}: \quad -F_{Bv}l + M_R = 0 \ , \qquad F_{Bv} = \frac{M_R}{l} = \frac{1}{2}m_0 \ .$$

Die Kontrollgleichung

$$\uparrow: \quad F_{Bv} + F_C = 0$$

ist erfüllt.   □

4

Kapitel 4

Schnittreaktionen des Balkens in der ebenen Statik

4

4 Schnittreaktionen des Balkens in der ebenen Statik

Die bisher berechneten Lagerreaktionen geben die Wirkung der Umgebung auf das Tragwerk mittels der Lagerbindungen wieder. Sie wurden nach dem Freimachen des gesamten Tragwerkes durch Bilanzierung mit den eingeprägten Lasten (dann beide auch als äußere Lasten bezeichnet) bestimmt.

Schnittreaktionen (auch innere Lasten) beschreiben die wechselseitige Wirkung von Teilen des Tragwerkes aufeinander. Ein geschlossener Schnitt durch das freigemachte Tragwerk wird so geführt, dass zwei Teile entstehen. Liegen die Lagerreaktionen nach Erfüllung der Gleichgewichtsbedingungen für das gesamte Tragwerk bereits vor, so liefert die Erfüllung der Bedingungen für das Gleichgewicht eines der beiden Teile die Schnittreaktionen an der Schnittstelle zwischen den beiden Teilen. Sonst muss im Allgemeinen die Erfüllung der Gleichgewichtsbedingungen für beide Teile gefordert werden.

Sowohl Lagerreaktionen als auch Schnittreaktionen sind Ausdruck der statischen Wechselwirkung von Körpern und Körperteilen.

Die Kenntnis der Schnittreaktionen an jeder Stelle des Tragwerkes ist eine unverzichtbare Voraussetzung für dessen funktions- und sicherheitsgerechte Dimensionierung.

Im Folgenden werden zunächst die Schnittreaktionen des geraden Balkens in der ebenen Statik behandelt.

4.1 Definition der Schnittreaktionen

Wir untersuchen das Beispiel eines gestützten Balkens unter der Wirkung einer schräg angreifenden Kraft (Bild 4.1).

Nach Lösen des gesamten Balkens von der Umgebung mittels des Schnittes ① und Eintragen der Lagerreaktionen zerlegt ein zweiter Schnitt ② den gesamten Balken in zwei Teile. An der Schnittstelle s sind gemäß dem letzten Absatz von Abschnitt 2.2.3 paarweise die entgegengesetzt gleich großen Schnittreaktionen (Einzelkräfte und -momente) eingetragen worden, die der linke Balkenteil über die Schnittstelle hinweg auf den rechten Balkenteil (oder umgekehrt) ausüben kann. Es ergeben sich mit zweckmäßiger Zerlegung der resultierenden Schnittkraft und willkürlich gewählter Definition jeweiliger positiver Orientierungen:

- die Längskraft $F_L(s)$ in Balkenachsrichtung vom Schnittufer weg nach außen,
- die Querkraft $F_Q(s)$ senkrecht zur Balkenachse, am linken Balkenteil nach unten,

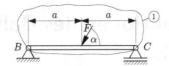

Schnitt ① : Gesamter Balken

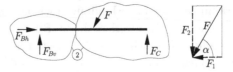

Schnitt ② : Teile des Balkens

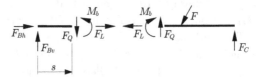

Bild 4.1. Zur Definition der Schnittreaktionen

- und das Biegemoment $M_b(s)$ senkrecht zur betrachteten Ebene, am linken Balkenteil entgegen dem Uhrzeigersinn zeigend.

Alle drei Schnittreaktionen (auch Schnittgrößen) hängen von der Ortskoordinate s ab. Für diese Koordinate müssen abschnittweise Bereiche (genauer Definitionsbereiche) so gewählt werden, dass sie den gesamten Balken ohne Überlappung vollständig überdecken, ohne dass innerhalb jedes einzelnen Bereiches Unstetigkeiten in Belastung, Lagerung oder Geometrie die analytische Darstellung der Schnittreaktionsfunktionen stören. Im vorliegenden Beispiel wären also zwei Bereiche $0 \leq s < a$ und $a < s \leq 2a$ erforderlich (die Gleichheitszeichen wurden zwecks Vermeidung von Nichteindeutigkeiten an der Krafteinleitungsstelle weggelassen). Statt einer durchlaufenden Koordinate mit einem Ursprung können für jeden Bereich auch individuelle Koordinaten mit eigenem Ursprung an einer Bereichsgrenze und eigener Orientierung benutzt werden, wobei wir die Zählpfeilorientierung der Schnittreaktionen über die Bereichsgrenzen hinweg bestehen lassen. Dies wird später demonstriert.

Weitere Beispiele last-, lagerungs- oder geometriebedingter Bereichseinteilungen zeigt Bild 4.2.

Bild 4.2. Bereichseinteilungen für die Schnittgrößenberechnung

4.2 Berechnung der Schnittreaktionen

Wir betrachten weiter das Beispiel von Bild 4.1. Die Zerlegung der eingeprägten Kraft F ergibt

$$F_1 = F \cos\alpha , \qquad F_2 = F \sin\alpha$$

und das Gleichgewicht des gesamten Balkens gemäß Schnitt ①

$$\rightarrow : \quad F_{Bh} - F_1 = 0 , \qquad\qquad F_{Bh} = F_1 ,$$
$$\overset{\curvearrowleft}{B} : \quad F_C\,2a - F_2 a = 0 , \qquad\qquad F_C = \frac{1}{2}F_2 ,$$
$$\overset{\curvearrowleft}{C} : \quad -F_{Bv}\,2a + F_2 a = 0 , \qquad\quad F_{Bv} = \frac{1}{2}F_2 .$$

Wie schon bemerkt, sind für die Berechnung der Schnittreaktionen im vorliegenden Beispiel zwei Bereiche erforderlich, durch die entsprechende Schnitte
(jetzt neu nummeriert mit ① und ②, zu jedem Schnitt nur eine Schnittlinie
eingezeichnet) gelegt werden (Bild 4.3).

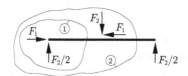

Bild 4.3. Schnittführung zur Bereichseinteilung

Im Bild 4.3 wurden auch die berechneten Lagerreaktionen eingetragen. Mit
der Verfügbarkeit dieser Größen können für jeden Schnitt beide erzeugten
Balkenteile gleichberechtigt zur Ermittlung der Schnittreaktionen herangezo-
gen werden. Dies wird für den Bereich 1 des Schnittes ① überprüft. In Bild
4.4 sind für den Bereich 1 der linke Balkenteil zur Schnittgrößenberechnung
und der rechte Balkenteil zur Kontrolle der obigen Behauptung angegeben.

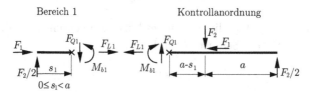

Bild 4.4. Bereich 1 mit linkem Balkenteil und verbleibendem Balkenteil zur Kontrolle

Die zur Berechnung im Bereich 1 benutzte Koordinate s_1 wurde mit dem
Bereichsindex 1 versehen und wegen der unstetigen Lasteinleitung in Balkenmitte auf die Gültigkeit im halboffenen Intervall $0 \leq s_1 < a$ beschränkt.

Die Gleichgewichtsbedingungen für den linken und rechten Balkenteil liefern:

links

$$\rightarrow : \quad F_1 + F_{L1} = 0 \,, \qquad F_{L1} = -F_1 \,,$$

$$\uparrow : \quad \frac{F_2}{2} - F_{Q1} = 0 \,, \qquad F_{Q1} = \frac{F_2}{2} \,,$$

$$\overset{\curvearrowright}{\times} : \quad M_{b1} - \frac{F_2}{2} s_1 = 0 \,, \qquad M_{b1} = \frac{F_2}{2} s_1 \,,$$

rechts

$$\leftarrow : \quad F_{L1} + F_1 = 0 \,, \qquad\qquad\qquad F_{L1} = -F_1 \,,$$

$$\uparrow : \quad F_{Q1} - F_2 + \frac{F_2}{2} = 0 \,, \qquad\qquad F_{Q1} = \frac{F_2}{2} \,,$$

$$\overset{\curvearrowright}{\times} : \quad -M_{b1} - F_2(a - s_1) + \frac{F_2}{2}(2a - s_1) = 0 \,, \qquad M_{b1} = \frac{F_2}{2} s_1 \,.$$

Die Momentenbedingungen wurden vernünftigerweise für die mit einem Kreuz × bezeichnete Schnittstelle im Bereich 1 als Bezugspunkt aufgestellt, damit von vornherein die unbekannten Schnittkräfte außerhalb dieser Bedingungen bleiben und damit eine explizite Gleichung zur Berechnung des unbekannten Schnittmoments M_{b1} entsteht. Wie erwartet, führen beide Wege zum gleichen Ergebnis.

Für den Bereich 2 gemäß Schnitt ② wurde eine Koordinate s_2 mit dem Ursprung an der Krafteinleitungsstelle gewählt (Bild 4.5).

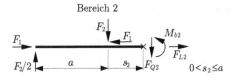

Bild 4.5. Schnittgrößen im Bereich 2

Die Gleichgewichtsbedingungen des linken Balkenteils und die dazugehörigen Ergebnisse für die Schnittgrößen lauten:

$$\rightarrow : \quad F_1 - F_1 + F_{L2} = 0 \,, \qquad F_{L2} = 0 \,,$$

$$\uparrow : \quad \frac{F_2}{2} - F_2 - F_{Q2} = 0 \,, \qquad F_{Q2} = -\frac{F_2}{2} \,,$$

$$\overset{\curvearrowright}{\times} : \quad M_{b2} - \frac{F_2}{2}(a + s_2) + F_2 s_2 = 0 \,, \qquad M_{b2} = \frac{F_2}{2}(a - s_2) \,.$$

Der Leser überzeuge sich davon, dass die Gleichgewichtsbedingungen des rechten Balkenteils etwas einfacher ausfallen.

Zum besseren Verständnis werden die analytisch berechneten Funktionen für die Schnittgrößen grafisch über der Balkenachse aufgetragen. Die entstehenden Kurvenzüge heißen in der Baustatik auch Zustandslinien. Die Auftragungsrichtung wird positiv nach unten gewählt (Bild 4.6). Dann entstehen in der grafischen Darstellung des Biegemomentenverlaufes positive Werte auf der Zugseite des Balkens, d.h. auf der durch „+" gekennzeichneten Seite, die bei einer gedachten Krümmung des Balkens infolge Biegeverformung gedehnt wird. Der negative Wert der Längskraft wurde durch das Symbol $\ominus$ hervorgehoben.

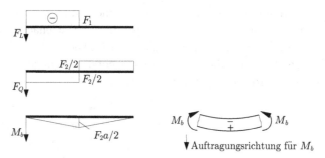

Bild 4.6. Grafische Darstellung der Schnittgrößenverläufe

Die Funktionsverläufe in Bild 4.6 ergeben sich durch punktweises Einsetzen der variablen Koordinaten s_1, s_2 in die analytischen Funktionsausdrücke für F_L, F_Q und M_b in den beiden Bereiche. Sie spiegeln aber auch anschaulich die eingeprägten Lasten und die Lagerreaktionen wider. So entsteht der Längskraftsprung um F_1 in Bild 4.6 infolge der horizontalen Krafteinleitung in Balkenmitte nach Bild 4.5. Die Querkraft $F_2/2$ im linken und rechten Balkenteil entspricht den jeweiligen vertikalen Lagerreaktionen. Der Querkraftsprung von $F_2 = 2 \cdot F_2/2$ in Balkenmitte ergibt sich infolge der dort eingeleiteten Kraft F_2. Der Biegemomentenverlauf beginnt am linken sowie am rechten Balkenende jeweils mit null, da sich dort reibungsfreie Gelenke befinden, und ändert sich in jedem Bereich gemäß den Momentengleichungen linear. Er darf in der Mitte keinen Sprung besitzen, da dort kein Einzelmoment eingeleitet wird. Das gemeinsame Auftreten des Momentenmaximums und des Querkraftnulldurchganges an derselben Stelle des geraden Balkens hat eine systematische Ursache, die vor der Behandlung von weiteren Beispielen aufzuklären ist.

Zusammenfassend seien die zweckmäßigen Schritte bei der Berechnung der Schnittgrößen des Balkens aufgezählt:

a) Freischneiden des gesamten Balkens, Berechnung der Lagerreaktionen,
b) Einteilung des Balkens in Bereiche,

c) bereichsgemäßes Freischneiden der Balkenteile, geschickte Koordinaten-
   wahl zur Verringerung des Aufwandes,

d) Berechnung der Schnittreaktionen, grafische Auftragung derselben,

e) Kontrolle des Ergebnisses.

4.3 Beziehungen zwischen Streckenlast, Querkraft und Biegemoment

In die angekündigte Aufklärung des Zusammenhangs zwischen Querkraft und
Biegemoment beim geraden Balken wird die zur Balkenachse quer angreifende Streckenlast $q(s)$ mit einbezogen (Bild 4.7). Die beiden Schnittgrößen und
die Streckenlast sind über die Gleichgewichtsbedingungen miteinander ver-
knüpft. Dies wird im Folgenden gezeigt.

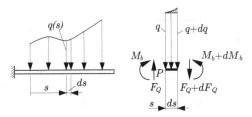

Bild 4.7. Balken und Balkenelement mit Streckenlast

Die an dem Balkenelement der Länge ds (in Bild 4.7 rechts vergrößert dargestellt) angreifende Streckenlast, ihr Differential, die Schnittgrößen und ihre
Differentiale hängen von der Koordinate s ab.

Die Gleichgewichtsbedingungen für das Balkenelement lauten

$$\uparrow: \quad F_Q - qds - F_Q - dF_Q = 0$$

bzw.

$$\frac{dF_Q}{ds} + q = 0 \tag{4.1}$$

und

$$\widehat{P}: \quad -M_b - qds\,\frac{1}{2}ds - (F_Q + dF_Q)\,ds + M_b + dM_b = 0$$

bzw.

$$\frac{dM_b}{ds} - F_Q - dF_Q - \frac{1}{2}\,qds = 0 \,. \tag{4.2}$$

In beiden Gleichgewichtsbedingungen wurde der schraffierte Anteil der Streckenlast (s. Bild 4.7) nicht berücksichtigt. Er geht bei dem in den Differentialen schon enthaltenen Grenzübergang genauso wie die in (4.2) auftretenden Größen dF_Q und qds im Vergleich zu den endlichen Termen exakt gegen null (es wird hier also nicht, wie manchmal unscharf ausgesprochen, eine Vernachlässigung getroffen). Das Ergebnis von (4.1), (4.2) ist deshalb

$$\frac{dF_Q}{ds} = -q \ , \tag{4.3}$$

$$\frac{dM_b}{ds} = F_Q \ . \tag{4.4}$$

Zu den Vorzeichen von (4.3), (4.4) gehört zwingend die Koordinatenfestlegung von Bild 4.7. Eine gegenläufige Koordinatenorientierung führt zum Vorzeichenwechsel in (4.3), (4.4).
Die Differentiation von (4.4) liefert mit (4.3) noch

$$\frac{d^2 M_b}{ds^2} = -q \ . \tag{4.5}$$

Andererseits können aus der Streckenlast mittels (4.3), (4.4) durch Integration die Schnittgrößen F_Q und M_b bestimmt werden. Zur Festlegung der dabei auftretenden Integrationskonstanten sind dann noch zu formulierende Randbedingungen auszuwerten.
Der Zusammenhang (4.4) zwischen Biegemoment und Querkraft ermöglicht eine der in Abschnitt 4.2 genannten Ergebniskontrollen, wenn diese Größen vorher aus den entsprechenden Gleichgewichtsbedingungen bestimmt wurden.

4.4 Beispiele

Im Folgenden werden einige typische Beispiele für die Berechnung der Schnittreaktionen in geraden Balken behandelt.

Beispiel 4.1
Gegeben ist ein gestützter Balken der Länge l, belastet durch eine quer angreifende konstante Streckenlast q (Bild 4.8). Gesucht sind die Schnittreaktionen.

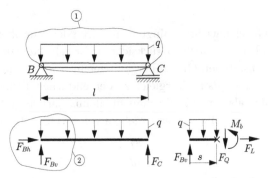

Bild 4.8. Gestützter Balken mit konstanter Streckenlast

Lösung:

Nach Anwendung des Schnittes ① werden die Lagerreaktionen bestimmt.

$$\rightarrow: \quad F_{Bh} \qquad\qquad = 0 \,,$$

$$\widehat{B}: \quad F_C\, l - q\, \frac{l^2}{2} \;=\; 0 \,, \qquad F_C = \frac{1}{2}\, ql \,,$$

$$\widehat{C}: \quad -F_{Bv}\, l + q\, \frac{l^2}{2} \;=\; 0 \,, \qquad F_{Bv} = \frac{1}{2}\, ql \,.$$

Die vertikalen Lagerreaktionen erfüllen die vorliegende Symmetrie.

Die Schnittgrößenberechnung benötigt nur einen Bereich. Nach Anwendung von Schnitt ② ergeben sich die Schnittreaktionen aus den Gleichgewichtsbedingungen des linken Balkenteils mit $F_{Bh} = 0$ und $0 \le s \le l$

$$\rightarrow: \quad F_L = 0 \,,$$

$$\uparrow: \quad F_{Bv} - qs - F_Q = 0 \,, \qquad F_Q = \frac{1}{2}\, ql - qs \,,$$

$$\widehat{\times}: \quad M_b - F_{Bv}s + qs\, \frac{s}{2} = 0 \,, \quad M_b = \frac{1}{2}\, q(ls - s^2) \,.$$

Bild 4.9 zeigt die grafische Darstellung der Schnittgrößen.

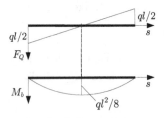

Bild 4.9. Schnittgrößen des Balkens mit konstanter Streckenlast

Das für spätere Überlegungen wichtige Biegemomentenmaximum $M_{b\,max}$ folgt aus

$$\frac{dM_b}{ds} = \frac{1}{2}ql - qs = 0$$

mit der Koordinate $s_0 = l/2$

$$M_{b\,max} = M_b(s_0) = \frac{1}{8}ql^2$$

und liegt erwartungsgemäß an der Nullstelle der Querkraft.

Der lineare Verlauf von F_Q und der quadratische von M_b entsprechen den Gleichungen (4.3) - (4.5). Die Randwerte von F_Q geben die vertikalen Lagerreaktionen wieder, die Randwerte von M_b die Reibungsfreiheit der Gelenke in den Lagern. □

Beispiel 4.2

Ein eingespannter verzweigter Balken besteht aus geraden Balkenstücken und ist durch zwei Einzelkräfte $F_1 = F$, $F_2 = 2F$ sowie durch eine konstante Streckenlast $q_0 = 4F/a$ belastet (Bild 4.10a). Gesucht sind die Schnittgrößen und das betragsmäßig größte Biegemoment $|M_b|_{max}$.

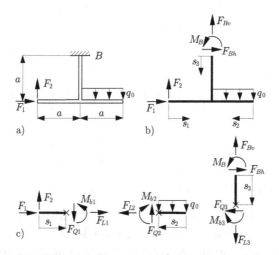

Bild 4.10. Verzweigter Balken mit Einspannung a), freigemacht mit Bereichseinteilung b) und Schnitten in den Bereichen c)

Lösung:

Im vorliegenden Fall werden die Lagerreaktionen nicht zur Bestimmung der Schnittreaktionen, die alle mittels frei endender Balkenteile berechenbar sind, benötigt. Sie sollen trotzdem ermittelt werden und am Ende der Rechnung in eine Kontrolle eingehen.

Die Bilder 4.10b, c zeigen den freigemachten gesamten Balken und die notwendige Einteilung in drei Bereiche, diesmal ohne Einzeichnung der Schnittlinien. Die Vorzeichendefinition der Schnittgrößen im vertikalen Balkenteil wurde willkürlich so gewählt, dass sie der horizontalen Anordnung des zweiten Bereiches nach Drehung des vertikalen Balkenteiles um 90° im Uhrzeigersinn entspricht.

Das Gleichgewicht des gesamten Balkens liefert:

$$\rightarrow: \quad F_1 + F_{Bh} \qquad\qquad = 0 \;, \quad F_{Bh} = -F_1 = -F \;,$$

$$\uparrow: \quad F_2 + F_{Bv} - q_0 a \qquad = 0 \;, \quad F_{Bv} = q_0 a - F_2 = 2F \;,$$

$$\overset{\frown}{B}: \quad M_B - F_2 a + F_1 a - \frac{1}{2} a q_0 a = 0 \;, \quad M_B = \left(F_2 - F_1 + \frac{1}{2} q_0 a \right) a = 3Fa \;.$$

Aus den Gleichgewichtsbedingungen für die drei Bereiche ergibt sich:

$$\rightarrow: \quad F_{L1} + F_1 \qquad\qquad = 0 \;, \quad F_{L1} = -F_1 = -F \;,$$

$$\uparrow: \quad F_2 - F_{Q1} \qquad\qquad = 0 \;, \quad F_{Q1} = F_2 = 2F \;,$$

$$\overset{\frown}{\times}: \quad M_{b1} - F_2 s_1 \qquad\qquad = 0 \;, \quad M_{b1} = F_2 s_1 = 2F s_1 \;,$$

$$\leftarrow: \quad F_{L2} \qquad\qquad\qquad = 0 \;,$$

$$\uparrow: \quad F_{Q2} - q_0 s_2 \qquad\qquad = 0 \;, \quad F_{Q2} = q_0 s_2 = \frac{4F}{a} s_2 \;,$$

$$\overset{\frown}{\times}: \quad -M_{b2} - q_0 s_2 \frac{s_2}{2} \qquad = 0 \;, \quad M_{b2} = -\frac{1}{2} q_0 s_2^2 = -\frac{2F}{a} s_2^2 \;,$$

$$\downarrow: \quad F_{L3} - F_{Bv} \qquad\qquad = 0 \;, \quad F_{L3} = F_{Bv} = 2F \;,$$

$$\leftarrow: \quad F_{Q3} - F_{Bh} \qquad\qquad = 0 \;, \quad F_{Q3} = F_{Bh} = -F \;,$$

$$\overset{\frown}{\times}: \quad -M_{b3} + M_B - F_{Bh} s_3 = 0 \;, \quad M_{b3} = M_B - F_{Bh} s_3 = 3Fa + F s_3 \;.$$

In der grafischen Darstellung der Schnittgrößen (Bild 4.11) wurden positive Werte für den vertikalen Balkenteil gemäß der oben erklärten Vorzeichendefinition nach rechts aufgetragen und in der Längskraftdarstellung der negative Wert (Druck) mit $\ominus$ hervorgehoben. Das betragsmäßig größte Biegemoment beträgt $|M_b|_{max} = 4Fa$ und befindet sich im vertikalen Balkenteil am Verzweigungspunkt.

Abschließend erfolgt die Kontrolle des Gleichgewichts am Verzweigungspunkt P (Bild 4.11) unter Berücksichtigung der einseitigen Grenzwerte der Schnittgrößen am Bereichsende $s_i = a$, $i = 1, 2, 3$.

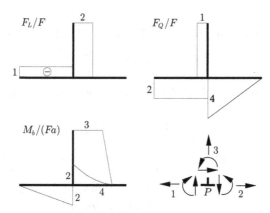

Bild 4.11. Schnittgrößen des verzweigten Balkens

$$\widehat{P}: \quad -M_{b1} + M_{b2} + M_{b3} = 0 , \qquad Fa(-2 - 2 + 4) = 0 ,$$
$$\uparrow: \quad F_{Q1} + F_{L3} - F_{Q2} = 0 , \qquad F(2 + 2 - 4) = 0 ,$$
$$\rightarrow: \quad -F_{L1} + F_{Q3} + F_{L2} = 0 , \qquad F(1 - 1 + 0) = 0 .$$

Die drei gewählten notwendigen Bedingungen sind erfüllt. $\qquad\square$

Beispiel 4.3

Gegeben ist das stark vereinfachte Modell einer Staumauer der Höhe h unter hydrostatischem, d.h. linear verteiltem Druck (Bild 4.12). Das Produkt aus dem Maximalwert des Druckes und der Mauerlänge beträgt q_0. Gesucht sind die Schnittgrößen bei vernachlässigbarem Eigengewicht der Mauer.

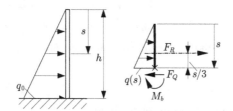

Bild 4.12. Vereinfachtes Modell einer Staumauer

Lösung:

Im freigemachten Modell von Bild 4.12 wurden das Eigengewicht und eine dadurch verursachte Längskraft weggelassen. Außerdem enthält Bild 4.12 die Lage der resultierenden Kraft $F_R(s) = \frac{1}{2}q(s)s$ des belasteten Bereiches der

Länge s gemäß (3.4), (3.5). Die linear verteilte Streckenlast ist

$$q(s) = q_0 \, \frac{s}{h} \, . \qquad (4.6)$$

Diese ergibt mit den Gleichgewichtsbedingungen am oberen Balkenteil

$$\rightarrow : \quad -F_Q + \frac{1}{2} q(s) s = 0 \, , \qquad F_Q = \frac{1}{2} q_0 \frac{s^2}{h} \, ,$$

$$\widehat{\times} : \quad -M_b - F_R(s) \frac{s}{3} = 0 \, , \qquad M_b = -\frac{1}{2} q_0 \frac{s}{h} s \frac{s}{3} = -q_0 \frac{s^3}{6h} \, .$$

Andererseits folgt aus (4.3), (4.4), (4.6) und der zu Bild 4.7 entgegengesetzten Koordinatenorientierung nach Bild 4.12 zunächst

$$\frac{dF_Q}{ds} = q_0 \frac{s}{h} \, , \qquad \frac{dM_b}{ds} = -F_Q$$

und nach Integration über s mit den Anfangswerten

$$F_Q(0) = 0 \, , \qquad\qquad M_b(0) = 0 \, ,$$

$$F_Q = q_0 \frac{s^2}{2h} \, , \qquad\qquad M_b = -q_0 \frac{s^3}{6h} \, ,$$

d.h. eine Bestätigung des vorher gewonnenen Ergebnisses. Die Parabeln zweiter bzw. dritter Ordnung für die Querkraft bzw. das Biegemoment sind im Bild 4.13 dargestellt.

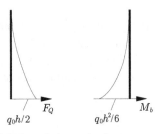

Bild 4.13. Schnittreaktionen des Staumauermodells

$\square$

Beispiel 4.4
Gegeben ist ein eingespannter Stab der Länge l mit vier Lastfällen (Bild 4.14 a,...,d). Gesucht sind die Längskraft- und Biegemomentenverläufe.
Lösung:
In allen Lastfällen können die Schnittgrößenverläufe ohne analytische Gleichungen, vom rechten Stabende beginnend und nach links fortführend, aufgezeichnet werden (Bild 4.15). Die Bereiche von null verschiedener Schnittgrößen liegen jeweils zwischen der Lasteinleitungsstelle und der Einspannung. Das Beispiel hebt nochmals die Bedeutung des Angriffspunktes der Kraft

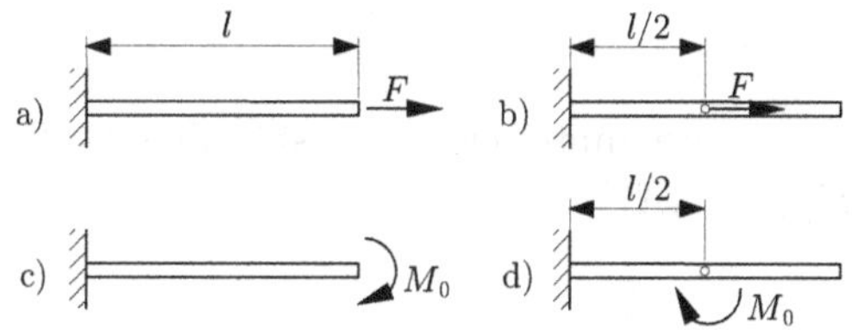

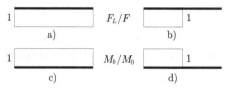

Bild 4.14. Eingespannter Stab unterschiedlich belastet

bzw. des Einzelmomentes für das Tragwerk hervor. Die Teilaufgaben gemäß Bild 4.14c, d verdeutlichen außerdem, dass sie ohne den in der Lehrbuchliteratur meist fehlenden Einzelmomententerm in (2.16) nicht lösbar sind.

Bild 4.15. Schnittgrößenverläufe des Stabes von Bild 4.14

☐

4.5 Schnittreaktionen gekrümmter Balken

Bisher wurden gerade Balken mit im Vergleich zur Länge kleinen Querschnittsabmessungen untersucht. Es ist auch zweckmäßig, Schnittreaktionen für Balken mit Krümmungsradien, die sehr viel größer als die Querschnittsabmessungen sind, zu definieren (Bild 4.16). Wie beim geraden Balken ist

Bild 4.16. Schnittgrößen gekrümmter Balken

die Längskraft in Balkentangentenrichtung positiv vom Schnittufer weg und die Querkraft senkrecht zur Balkentangente orientiert. Die Bogenkoordinate s wurde zur Verdeutlichung ihrer Länge auf die Balkenlinie des freigemachten Balkenteils gelegt. Die Bestimmung der Schnittreaktionen folgt der bisherigen Vorgehensweise.

Beispiel 4.5

Gegeben ist ein eingespannter viertelkreisförmiger Balken vom Radius a unter einer Kraft F (Bild 4.17).

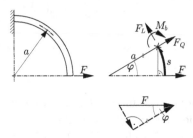

Bild 4.17. Schnittgrößenbestimmung am viertelkreisförmigen Balken

Lösung:

Es wird, wie schon früher, das Gleichgewicht des freien Balkenteils ausgewertet und damit eine hier nicht notwendige Bestimmung der Lagerreaktionen vermieden.

$$\nwarrow: \quad F_L - F\sin\varphi = 0 \, , \qquad F_L = F\sin\varphi \, ,$$

$$\nearrow: \quad F_Q + F\cos\varphi = 0 \, , \qquad F_Q = -F\cos\varphi \, ,$$

$$\stackrel{\frown}{\times}: \quad Fa\sin\varphi - M_b = 0 \, , \qquad M_b = Fa\sin\varphi \, .$$

Die grafische Darstellung der Schnittgrößenfunktionen über der Bogenkoordinate s gibt Bild 4.18 wieder.

Bild 4.18. Grafische Darstellung der Schnittgrößen des viertelkreisförmigen Balken

Offensichtlich erzeugt die eingeprägte Kraft F am freien Balkenende eine Querkraft und an der Einspannung eine Längskraft gleichen Betrages. Das Biegemoment wächst kontinuierlich von null am freien Balkenende auf den Wert des Einspannmomentes der Lagerung. Unter Berücksichtigung von (4.4) und der in Bild 4.17 gegenüber Bild 4.7 umgekehrten Orientierung der Bogenkoordinate s gilt außerdem im Einklang mit dem schon vorliegenden Ergebnis

$$\frac{dM_b}{ds} = \frac{dM_b}{ad\varphi} = F\cos\varphi = -F_Q \, .$$

Kapitel 5

Zusammengesetzte ebene Tragwerke

5

5

5 Zusammengesetzte ebene Tragwerke

Reale Konstruktionen bestehen häufig aus mehreren Bauteilen (Körpern), die verschieden untereinander und mit der Umgebung verbunden sein können. Zur Untersuchung des Gleichgewichts aller beteiligten Bauteile werden diese Bindungen gelöst und durch die mittels der Bindungen übertragbaren Reaktionen ersetzt. Dabei ist es zweckmäßig, vor Aufstellung der Gleichgewichtsbedingungen, den Freiheitsgrad und die Anzahl der Reaktionen der Anordnung zu überprüfen, weil dies grundsätzliche Aussagen über Funktionsfähigkeit des Tragwerkes bzw. die Bestimmbarkeit der Reaktionen erlaubt.

5.1 Statische Bestimmtheit

Tragwerke werden ihrem Zweck nur gerecht, wenn sie keine Bewegungsmöglichkeit besitzen, d.h. die Zahl der Bindungen den Freiheitsgrad nicht unterschreitet. Die Kontrolle dieses Sachverhaltes wird im Folgenden exemplarisch demonstriert. Dazu betrachten wir das im Bild. 5.1 dargestellte zusammengesetzte Tragwerk.

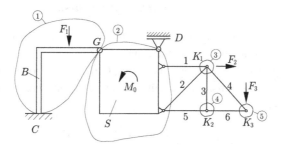

Bild 5.1. Zusammengesetztes Tragwerk

Dieses Tragwerk besteht aus folgenden Konstruktionselementen:
B-abgewinkelter Balken, S-Scheibe, Stäbe 1,...,6 (jetzt durch eine Volllinie dargestellt) ohne eingeprägte Lasten zwischen den gelenkigen Enden, K_1,...,K_3-reibungsfreie gelenkige Knoten (Verbindungen zwischen den Stäben), G-Gelenk (Verbindung zwischen Balken und Scheibe), C-Einspannung, D-gelenkiges Loslager.
Im Gegensatz zur früheren Lagerreaktionsbestimmung bei Tragwerken, die nur ein Bauteil umfassen, sind jetzt statt eines Schnittes mehrere Schnitte (①,...,⑤) zu führen, damit die beteiligten Bauteile (Körper) und Knoten frei werden. Jeder beteiligte Körper besitzt den Freiheitsgrad drei, d.h. für ihn können drei Gleichgewichtsbedingungen aufgestellt werden. Jeder Knoten mit seinem Freiheitsgrad zwei, Drehungen entfallen, erfordert zwei Gleichge-

wichtsbedingungen. Liegen b Körper und k Knoten vor, so ergeben sich

$$f = 3b + 2k$$

Gleichungen entsprechend der Summe der Freiheitsgrade aller beteiligten Körper und Knoten. Demgegenüber stehen gemäß der Anzahl der geschnittenen Lagerbindungen c, Gelenke g (das Gelenk entspricht dem zweizähligen Festlager nach Bild 3.4) und Stäbe s

$$r = c + 2g + s$$

unbekannte Reaktionen. Die Abzählbedingung

$$n = r - f = c + 2g + s - 3b - 2k \gtreqless 0 \qquad (5.1)$$

zeigt folgenden Sachverhalt an:

$n = 0$ *statische Bestimmtheit,*

$n > 0$ $n - fache\ statische\ Unbestimmtheit,$

$n < 0$ *beweglicher Mechanismus.*

Die Zahl n hängt mit dem in Abschnitt 3.2 eingeführten reduzierten Freiheitsgrad f_r über $n = -f_r$ zusammen.

In Bild 5.1 gibt es an der Einspannung C drei Reaktionen und am gelenkigen Loslager D eine, zusammen mit den zwei Gelenkreaktionen und den sechs Stabkräften also

$$r = 4 + 1 \cdot 2 + 6 = 12 \ .$$

Andererseits liefern die zwei Körper (Balken und Scheibe) und die drei Knoten

$$f = 3 \cdot 2 + 2 \cdot 3 = 12 \ ,$$

so dass

$$n = r - f = 0$$

auf die statische Bestimmtheit hinweist, eine notwendige Bedingung, die ein lösbares Gleichungssystem für die unbekannten Lager-, Gelenk- und Stabkräfte erwarten lässt.

Nachträglich sei die schon benutzte Tatsache verdeutlicht, dass ein Stab, der an beiden Enden mit den benachbarten Elementen durch (reibungsfreie) Gelenke verbunden und dazwischen frei von eingeprägten Lasten ist, durch genau eine Stabkraft ersetzt werden kann. In Bild 5.2 liegt ein solcher Stab freigemacht vor.

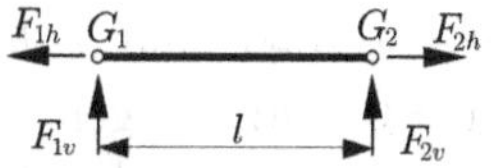

F_{1h}
G_1
G_2
F_{2h}
F_{1v}
l
F_{2v}

Bild 5.2. Von eingeprägten Lasten freier Stab mit gelenkigen Enden

Die Erfüllung der Gleichgewichtsbedingungen des Stabes

$$\begin{aligned}
\overset{\curvearrowleft}{G_1}: &\quad F_{2v}l &= 0\,, &\quad F_{2v} = 0\,,\\
\overset{\curvearrowleft}{G_2}: &\quad -F_{1v}l &= 0\,, &\quad F_{1v} = 0\,,\\
\rightarrow: &\quad -F_{1h}+F_{2h} &= 0\,, &\quad F_{1h} = F_{2h}
\end{aligned}$$

bestätigt die geäußerte Behauptung.
Wie schon erwähnt, ist für funktionierende Tragwerke $n \geq 0$ notwendig, wobei der Fall $n > 0$ erst in der Festigkeitslehre mit Berücksichtigung der Verformungen der Tragwerke behandelt werden kann. Außerdem stellen wir fest, dass $n = 0$ nicht immer hinreichend für die Tragfähigkeit der Konstruktion ist. Beispiele für solche Ausnahmesituationen zeigt Bild 5.3. Die

B
F
F
≙
a)
B
F
≙
F
b)
S
F
≙
F
c)

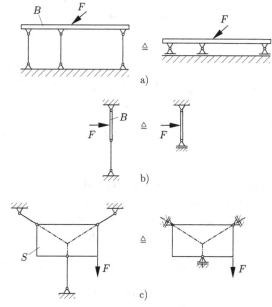

Bild 5.3. Ausnahmetragwerke

parallele Anordnung dreier gleichlanger Stäbe des Tragwerkes a) erlaubt eine drehungsfreie Verschiebung des Balkens B. In b) bzw. c) sind jeweils infinitesimale Drehungen des Balkens B bzw. der Scheibe S möglich. In allen drei Fällen können zur Prüfung der Abzählbedingung (5.1) die Stäbe durch gelenkige Loslager ersetzt werden, und es folgt mit $c = 3$ und $b = 1$ der Zahlenwert $n = 3 - 3 \cdot 1 = 0$ trotz der genannten Bewegungsmöglichkeiten. Der Verletzung des Gleichgewichts infolge der Kraft F in Bild 5.3 entspricht die Unlösbarkeit des jeweiligen Systems der Gleichgewichtsgleichungen.

5.2 Berechnung zusammengesetzter Tragwerke

Beispiel 5.1

Gegeben ist das aus Balken B, drei Stäben 1, 2 und 3, reibungsfrei gelenkig gelagerter Rolle R und belastetem Seil S bestehende Tragwerk nach Bild 5.4. Gesucht sind nach Prüfung der statischen Bestimmtheit die Stabkräfte und die Schnittreaktionen im Balken.

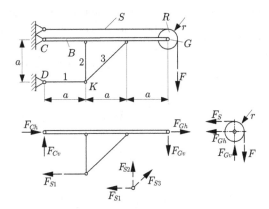

Bild 5.4. Zusammengesetztes Tragwerk (Beispiel 5.1)

Lösung:

Das Seil kann wie ein beiderseits gelenkig befestigter Stab nur eine Kraft F_S in Seilrichtung übertragen, die wie die Stabkraft F_{S1} als Lagerreaktion gezählt wird, so dass $c = 4$ und $s = 2$ gelten. Mit einem Gelenk G, zwei Körpern B und R sowie einem Knoten K ergibt sich nach (5.1)

$$c + 2g + s - 3b - 2k = 4 + 2 \cdot 1 + 2 - 3 \cdot 2 - 2 \cdot 1 = 0 \; ,$$

d.h. statische Bestimmtheit. An dieser Stelle sei vermerkt, dass die gedankliche Vorwegnahme der Gleichgewichtsbedingungen für die freigeschnittenen Teile in Bild 5.4 einen direkten und anschaulichen Zugang zur statischen Bewertung des Gesamttragwerks vermittelt: Gleichgewicht der Rolle führt zur

Seilkraft F_S und zu den Gelenkkräften F_{Gh}, F_{Gv}, Gleichgewicht des Teil-systems Balken mit Stäben zur Stabkraft F_{S1} sowie zu den Lagerreaktionen F_{Ch}, F_{Cv}, und Gleichgewicht des Knotens ergibt die verbleibenden Stabkräfte F_{S2}, F_{S3}.

$$\overset{\frown}{G}: \quad F_S r - Fr = 0\,, \qquad\qquad F_S = F\,,$$

$$\leftarrow: \quad F_S + F_{Gh} = 0\,, \qquad\qquad F_{Gh} = -F_S = -F\,,$$

$$\uparrow: \quad F_{Gv} - F = 0\,, \qquad\qquad F_{Gv} = F\,,$$

$$\overset{\frown}{C}: \quad F_{Gv}3a + F_{S1}a = 0\,, \qquad F_{S1} = -3F\,,$$

$$\uparrow: \quad F_{Cv} - F_{Gv} = 0\,, \qquad\qquad F_{Cv} = F\,,$$

$$\rightarrow: \quad F_{Ch} - F_{S1} + F_{Gh} = 0\,, \quad F_{Ch} = -3F + F = -2F\,,$$

$$\rightarrow: \quad -F_{S1} + F_{S3}\frac{\sqrt{2}}{2} = 0\,, \qquad F_{S3} = \sqrt{2}F_{S1} = -3\sqrt{2}F\,,$$

$$\uparrow: \quad F_{S2} + F_{S3}\frac{\sqrt{2}}{2} = 0\,, \qquad F_{S2} = -\frac{\sqrt{2}}{2}F_{S3} = 3F\,.$$

Die Stabkräfte F_{S1} und F_{S3} sind gemäß Vorzeichenvereinbarung und Zahlen-ergebnissen Druckkräfte.

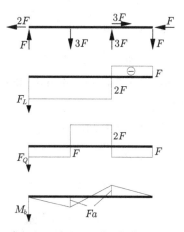

Bild 5.5. Schnittreaktionen des Balkens von Bild 5.4

Nach Eintragung der Reaktionen in den Lageplan des freigemachten Bal-kens werden die Werte der Schnittreaktionen an den Balkenenden einfach übernommen. An den inneren Bereichsgrenzen sind für die bereichsweise konstante Längs- und Querkraft Differenzterme zu berechnen, während sich die Biegemomente dort durch Multiplikation der Balkenendquerkräfte mit der Bereichslänge ergeben und im Bereichsinneren gemäß (4.4) linear verlaufen. Das Ergebnis gibt Bild 5.5 wieder, wo die negative Längskraft (Druck) durch $\odot$ hervorgehoben wurde. Erwartungsgemäß befinden sich die Nulldurchgänge des Querkraftverlaufes an den Stellen der extremen Biegemomentenwerte. □

Beispiel 5.2

Gegeben ist ein Gelenkträger (auch GERBER-Träger, nach GERBER, 1832-1912), der aus zwei im Gelenk G verbundenen balkenartigen Teilen besteht (Bild 5.6). Der linke Balkenteil wird durch eine konstante Streckenlast q belastet ist (Bild 5.6). Gesucht sind die Lager- und Gelenkkräfte.

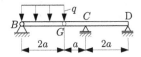

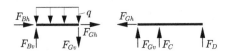

Bild 5.6. Gelenk- oder GERBER-Träger

Lösung:

Die Abzählbedingung (5.1) ergibt mit

$$c + 2g - 3b = 4 + 2 \cdot 1 - 3 \cdot 2 = 0$$

statische Bestimmtheit. Die Gleichgewichtsbedingungen liefern für den linken und den rechten Balkenteil:

$$\overset{\frown}{B}: \quad -2aqa - F_{Gv}\,2a = 0\,, \qquad F_{Gv} = -aq\,,$$

$$\overset{\frown}{G}: \quad 2aqa - F_{Bv}2a = 0\,, \qquad F_{Bv} = aq\,,$$

$$\rightarrow: \quad F_{Bh} + F_{Gh} = 0\,,$$

$$\leftarrow: \quad F_{Gh} = 0\,, \qquad\qquad F_{Bh} = -F_{Gh} = 0\,,$$

$$\overset{\frown}{C}: \quad -F_{Gv}a + F_D2a = 0\,, \qquad F_D = \frac{1}{2}F_{Gv} = -\frac{1}{2}aq\,,$$

$$\uparrow: \quad F_{Gv} + F_C + F_D = 0\,, \qquad F_C = -F_{Gv} - F_D = \frac{3}{2}aq\,.$$

□

Beispiel 5.3

Gegeben ist ein Dreigelenkbogen (hier abgewinkelt ausgeführt), belastet durch zwei Einzelkräfte und eine konstante Streckenlast $q = F/a$ (Bild 5.7). Gesucht sind die Gelenkkräfte.

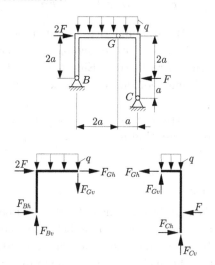

Bild 5.7. Dreigelenkbogen

Lösung:

Mit $c = 4$, $g = 1$, $b = 2$ folgt aus (5.1)

$$c + 2g - 3b = 4 + 2 - 3 \cdot 2 = 0 ,$$

also statische Bestimmtheit. Da nur die Gelenkkräfte gesucht sind, empfiehlt es sich, zweckmäßig zwei Momentenbedingungen um die Lagerpunkte B und C zu formulieren, so dass die unbekannten Lagerreaktionen nicht in das aufzustellende Gleichungssystem gelangen (diese Vorgehensweise ist auch bei der Bestimmung aller Reaktionen vorteilhaft, weil das dabei entstehende entkoppelte Gleichungssystem für die beiden Gelenkkräfte sich leichter lösen lässt, als wenn die Gelenkkräfte aus dem vollständigen System für alle sechs Reaktionen zu bestimmen sind):

$$\overset{\curvearrowright}{B}: \quad -F_{Gh}2a - F_{Gv}2a - 2F\,2a - 2aq\,a = 0 \quad | \quad 1 \quad | \quad 3$$

$$\overset{\curvearrowright}{C}: \quad F_{Gh}3a - F_{Gv}a + aq\frac{a}{2} + Fa \qquad = 0 \quad | \quad (-2) \quad | \quad 2 \ .$$

Die rechts stehenden Zahlen stellen Faktoren dar, deren Anwendung auf die dazugehörige Gleichung bei nachfolgender Addition der Gleichungen zur Elimination einer Unbekannten führt.

$$-8F_{Gh} - 9F = 0 , \qquad F_{Gh} = -\frac{9}{8}F ,$$

$$-8F_{Gv} - 15F = 0 , \qquad F_{Gv} = -\frac{15}{8}F .$$

Die weitergehende Bestimmung der Lagerreaktionen ist mittels der verbleibenden Kräftegleichgewichtsbedingungen für das linke und das rechte Tragwerksteil leicht zu realisieren. Eine mögliche Kontrolle muss dann ein verschwindendes Schnittmoment am Gelenk ergeben. □

Bei komplizierteren Tragwerken können umfangreichere lineare Gleichungssysteme entstehen. Diese sind mittels Computerprogrammen zu lösen.

5.3 Fachwerke

Fachwerke bestehen aus Stäben, die in Knoten und Lagern gelenkig miteinander verbunden bzw. in Lagern gelenkig befestigt und nur durch Einzelkräfte in den Knoten belastet sind. Die Idealisierung der Knoten als reibungsfreie Gelenke G stellt häufig auch dann noch eine brauchbare Näherung dar, wenn z.B. die in der Realität gemäß Bild 5.8 vernieteten Knotenbleche zu modellieren sind.

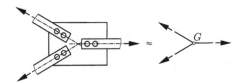

Bild 5.8. Knotenblech- und Gelenkverbindung von Fachwerkstäben

Wie bisher werden die Stabkräfte, die vom Schnittufer weg zeigen und einen positiven Zahlenwert besitzen, als Zug definiert. Die einfachste Konstruktionsvorschrift für Fachwerke besteht in der Aneinanderfügung von Stabdreiecken (Bild 5.9a).

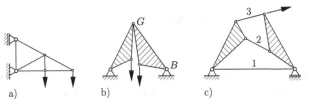

Bild 5.9. Mögliche Fachwerkkonstruktionen

Die im Bild 5.9b, c schraffierten Flächen symbolisieren den Ersatz der Stabdreiecke durch Scheiben, deren Funktion auch abgewinkelte Balken übernehmen können. Dann entspricht das Fachwerk von Bild 5.9b einem Dreigelenkbogen (vgl. Bild 5.7). Das Fachwerk von Bild 5.9c entsteht aus dem von Bild 5.9b, wenn dort die horizontale Lagerkraft in B durch die Kraft von Stab 1 und die beiden Gelenkkräfte von G durch die Kräfte der Stäbe 2, 3 ersetzt werden, so dass die Achsen der Stäbe 1, 2, 3 keinen gemeinsamen Schnittpunkt besitzen und nicht parallel sind (vgl. die Diskussion zu Bild 5.3).

Die Berechnung der Lager- und Stabkräfte gelingt nach Erfüllung von (5.1)

$$n = c + s - 2k = 0 \tag{5.2}$$

durch Aufstellung aller Kräftegleichgewichtsbedingungen der Knoten und gelenkigen Lager sowie Lösung des entstehenden linearen Gleichungssystems. Anstelle einzelner Kraftgleichgewichtsbedingungen oder als zusätzliche Kontrolle sind auch Gleichgewichtsbedingungen von Teilen des Fachwerks, die aus mehreren Stäben und Gelenken bestehen, sinnvoll, insbesondere geschickt gewählte Momentenbilanzen.

Wir prüfen zunächst die Bedingung (5.2) an den Beispielen von Bild 5.9:

$$\begin{aligned}
\text{a)} \quad & s = 7, \, c = 3, \, k = 5 \quad : \quad n = 0 \,, \\
\text{b)} \quad & s = 6, \, c = 4, \, k = 5 \quad : \quad n = 0 \,, \\
\text{c)} \quad & s = 9, \, c = 3, \, k = 6 \quad : \quad n = 0 \,.
\end{aligned}$$

Es liegt also in allen drei Fällen statische Bestimmtheit vor.

Im Folgenden werden die Stab- und Lagerkräfte des Fachwerks von Bild 5.9a mit den Abmessungen und Belastungen nach Bild 5.10 berechnet.

Die Gleichgewichtsbedingungen für das gesamte Tragwerk ergeben:

$$\begin{aligned}
\widehat{B}: \quad & F_C 6a + F4a + F8a = 0 \,, \quad & F_C & = -2F \,, \\
\rightarrow: \quad & F_{Bh} + F_C = 0 \,, \quad & F_{Bh} & = 2F \,, \\
\uparrow: \quad & F_{Bv} - F - F = 0 \,, \quad & F_{Bv} & = 2F \,.
\end{aligned}$$

Die Bilanzen der Kräfte an den jeweiligen Knoten liefern

$$\begin{aligned}
K_1) \quad \uparrow: \quad & F_{S6} \sin\alpha - F = 0 \,, \quad & F_{S6} & = \frac{F}{\sin\alpha} = \frac{5}{3}F \,, \\
\leftarrow: \quad & F_{S7} + F_{S6} \cos\alpha = 0 \,, \quad & F_{S7} & = -F_{S6} \cos\alpha = -\frac{4}{3}F \,,
\end{aligned}$$

$K_2)$ $\qquad$ $\uparrow :$ $\quad F_{S5} - F = 0 , \quad F_{S5} = F ,$

$\qquad\qquad$ $\rightarrow :$ $\quad -F_{S4} + F_{S7} = 0 , \quad F_{S4} = -\dfrac{4}{3}F ,$

$K_3)$ $\qquad$ $\uparrow :$ $\quad F_{S2} \sin\alpha - F_{S6} \sin\alpha - F_{S5} - F_{S3} \sin\alpha = 0 ,$

$\qquad\qquad$ $\rightarrow :$ $\quad -F_{S3} \cos\alpha - F_{S2} \cos\alpha + F_{S6} \cos\alpha = 0 ,$

oder

$$F_{S2} - F_{S3} - \frac{10}{3}F = 0 ,$$

$$-F_{S2} - F_{S3} + \frac{5}{3}F = 0 ,$$

bzw. nach Auflösung

$$-2F_{S3} - \frac{5}{3}F = 0 , \qquad F_{S3} = -\frac{5}{6}F ,$$

$$-2F_{S2} + 5F = 0 , \qquad F_{S2} = \frac{5}{2}F ,$$

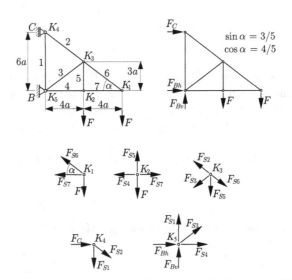

Bild 5.10. Bemaßung, Belastung und Schnitte des Fachwerks von Bild 5.9a

$$K_4) \quad \rightarrow: \quad F_C + F_{S2}\cos\alpha = 0 \ , \qquad\qquad -2F + \frac{5}{2}F\,\frac{4}{5} = 0 \ ,$$

$$\downarrow: \quad F_{S1} + F_{S2}\sin\alpha = 0 \ , \qquad\qquad F_{S1} = -\frac{3}{2}F \ ,$$

$$K_5) \quad \rightarrow: \quad F_{Bh} + F_{S3}\cos\alpha + F_{S4} = 0 \ , \qquad 2F - \frac{5}{6}F\frac{4}{5} - \frac{4}{3}F = 0 \ ,$$

$$\uparrow: \quad F_{Bv} + F_{S1} + F_{S3}\sin\alpha = 0 \ , \qquad 2F - \frac{3}{2}F - \frac{5}{6}F\frac{3}{5} = 0 \ .$$

Die Ergebnisse für die Knoten K_4 und K_5 bestätigen die aus den Gleichgewichtsbedingungen für das gesamte Tragwerk ermittelten Lagerreaktionen, machen also diese Gleichgewichtsbedingungen, insbesondere auch die Momentenbilanz, überflüssig.

Es empfiehlt sich, die Stabkräfte in einer Tabelle folgendermaßen zusammenzufassen:

Stabnummer i	1	2	3	4	5	6	7
normierte Stabkraft $\dfrac{F_{Si}}{F}$	$-\dfrac{3}{2}$	$\dfrac{5}{2}$	$-\dfrac{5}{6}$	$-\dfrac{4}{3}$	1	$\dfrac{5}{3}$	$-\dfrac{4}{3}$

Abschließend führen wir einen solchen Schnitt am Fachwerk aus, dass drei Stäbe betroffen sind, die nicht in einem gemeinsamen Knoten enden (RITTERscher Schnitt, Bild 5.11, nach RITTER, 1826-1908).

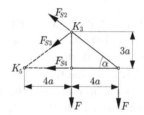

Bild 5.11. RITTERscher Schnitt

Momentenbedingungen liefern sofort:

$$\widehat{K_3}: \quad -F_{S4}3a - F4a \qquad\qquad = 0 \ , \qquad F_{S4} = -\frac{4}{3}F \ ,$$

$$\widehat{K_5}: \quad 3aF_{S2}\cos\alpha + 4aF_{S2}\sin\alpha - F4a - F8a = 0 \ , \qquad F_{S2} = \frac{5}{2}F \ ,$$

d.h. eine weitere Kontrollmöglichkeit bzw. die schnelle Bestimmung einzelner Stabkräfte ohne Lösung des Gesamtproblems. Letztere kann bei umfangreicheren Fachwerken sehr aufwendig sein. Zur Verbesserung der Lösungseffizienz wurden früher grafische Verfahren angewendet, z.B. der CREMONA-Plan (nach CREMONA, 1830-1903). Wir gehen darauf nicht ein, da heutzutage für die Berechnung aufwendiger Fachwerkkonstruktionen kommerzielle Computerprogramme zur Verfügung stehen.

Wir wollen nun den Begriff des Fachwerks benutzen, um nochmals die Grundgleichungen der ebenen Statik (2.15), (2.16) zu erörtern.

Am Beispiel des statisch bestimmten Fachwerks nach Bild 5.10 wurde gezeigt, dass allein Kräftebilanzen für sämtliche Knoten zur Bestimmung aller Stab- und Lagerkräfte und damit auch zur Erfüllung des Gleichgewichts des gesamten Tragwerks ausreichen. Fasst man das Fachwerk als eine spezielle Struktur eines starren Körpers auf, so macht gerade das Wissen um diese Struktur bei der Prüfung des Gleichgewichts des starren Körpers den Begriff des Momentes und irgendwelche Momentenbilanzen überflüssig. Diese Situation beschreibt die Statik der Punktmechanik unter Berücksichtigung sogenannter Zentralkräfte gemäß der von uns nicht besonders betonten NEWTONschen Axiome. Wir setzen jedoch im Allgemeinen für den starren Körper nicht die erwähnte spezielle Struktur voraus, die übrigens die Verwirklichung statischer Äquivalenzen wie z.B. Kraftangriffspunktverschiebungen wegen der begrenzten Menge möglicher Kraftangriffspunkte nur eingeschränkt zulässt, sondern benutzen statt dessen außer der Kräftebilanz (2.15) die unabhängig von der Kräftebilanz zu fordernde Momentenbilanz (2.16). Die in (2.16) ausgedrückte Erkenntnis, welche in Form des Hebelgesetzes schon im Altertum, also lange vor NEWTON, praktisch angewendet wurde und wesentlich zur Entwicklung der Technik beigetragen hat, ist auch heute ein unverzichtbarer Bestandteil der Technischen Mechanik.

Die nach EULER gemeinsam anzuwendenden Beziehungen (2.15), (2.16) gelten sinngemäß in der anschließend zu behandelnden Raumstatik und später für die widerspruchsfreie Erweiterung der Statik auf die Kinetik sowie nach Fallenlassen der Starrheitsvoraussetzung und Einbeziehung der an Beispielen schon erläuterten Lastdichten letztlich für die Kontinuumsmechanik einschließlich der darin enthaltenen Bestandteile der Festigkeitslehre.

Kapitel 6
Raumstatik

6

6   Raumstatik

6

6 Raumstatik

Die bisher behandelte ebene Statik lässt sich ohne Schwierigkeiten auf räumliche Probleme verallgemeinern.

6.1 Kräfte mit gemeinsamem Schnittpunkt ihrer Wirkungslinien

Wir betrachten zunächst wieder analog zu Abschnitt 2.1 einen Körper, der nur durch Kräfte belastet ist, deren Wirkungslinien durch einen gemeinsamen Schnittpunkt verlaufen (zentrale Kräftegruppe oder zentrales Kraftsystem), aber im Gegensatz zu Abschnitt 2.1 nicht notwendig in einer Ebene liegen. Zunächst wird die Darstellung einer der beteiligten Kräfte in einem räumlichen kartesischen Bezugssystem angegeben (Bild 6.1).

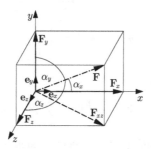

Bild 6.1. Komponentenzerlegung der Kraft im Raum

Aus Bild 6.1 lesen wir die Vektoraddition ab:

$$\mathbf{F} = \mathbf{F}_x + \mathbf{F}_y + \mathbf{F}_z = F_x \mathbf{e}_x + F_y \mathbf{e}_y + F_z \mathbf{e}_z \ , \tag{6.1}$$

$$F_x = F \cos \alpha_x \ , \quad F_y = F \cos \alpha_y \ , \quad F_z = F \cos \alpha_z \ , \tag{6.2}$$

$$F = |\mathbf{F}| = \sqrt{F_x^2 + F_y^2 + F_z^2} \ . \tag{6.3}$$

Die Quadratsumme der Richtungskosinus aus (6.2) erfüllt wegen (6.3) die Gleichung

$$\cos^2 \alpha_x + \cos^2 \alpha_y + \cos^2 \alpha_z = 1 \ . \tag{6.4}$$

Im Bild 6.1 und in (6.1) kommt die allgemeine Gültigkeit des Vektorparallelogrammes, wie sie als Eigenschaft von Vektoren schon im Abschnitt 1.2 festgestellt wurde, zum Ausdruck. Sie erlaubt die Aneinanderreihung von

Vektorparallelogrammen, die nicht in einer Ebene liegen, beispielsweise

$$\mathbf{F}_{xz} = F_x \mathbf{e}_x + F_z \mathbf{e}_z$$

in der x, z-Ebene und anschließend

$$\mathbf{F} = \mathbf{F}_{xz} + F_y \mathbf{e}_y$$

in der senkrecht zur x, z-Ebene stehenden und $\mathbf{F}_{xz}$ enthaltenden Ebene.
Liegen mehrere Kräfte $\mathbf{F}_i$ mit gemeinsamem Schnittpunkt ihrer Wirkungslinie vor, so können für die Bestimmung einer statisch äquivalenten resultierenden Kraft $\mathbf{F}_R$ alle Kraftangriffspunkte in diesen Schnittpunkt verschoben werden. Dieser Punkt ist dann auch als Ursprung des Bezugssystems nutzbar.
Die resultierende Kraft ergibt sich aus

$$\mathbf{F}_R = F_{Rx} \mathbf{e}_x + F_{Ry} \mathbf{e}_y + F_{Rz} \mathbf{e}_z = \sum_{i=1}^{n} \mathbf{F}_i = \sum_{i=1}^{n} (\mathbf{F}_{ix} + \mathbf{F}_{iy} + \mathbf{F}_{iz})$$

$$= \sum_{i=1}^{n} (F_{ix} \mathbf{e}_x + F_{iy} \mathbf{e}_y + F_{iz} \mathbf{e}_z) = (\sum_{i=1}^{n} F_{ix}) \mathbf{e}_x + (\sum_{i=1}^{n} F_{iy}) \mathbf{e}_y + (\sum_{i=1}^{n} F_{iz}) \mathbf{e}_z$$

mit

$$F_{Rx} = \sum_{i=1}^{n} F_{ix} \ , \quad F_{Ry} = \sum_{i=1}^{n} F_{iy} \ , \quad F_{Rz} = \sum_{i=1}^{n} F_{iz} \ . \tag{6.5}$$

Betrag und Richtungskosinus berechnen sich wie bei der Kraft $\mathbf{F}$ nach (6.3), (6.2).
Das Gleichgewicht des Körpers unter der zentralen Kräftegruppe ist gewährleistet, wenn die resultierende Kraft dieser Kräftegruppe verschwindet, d.h.

$$\mathbf{F}_R = \sum_{i=1}^{n} \mathbf{F}_i = 0 \tag{6.6}$$

oder

$$\sum_{i=1}^{n} F_{ix} = 0 \ , \quad \sum_{i=1}^{n} F_{iy} = 0 \ , \quad \sum_{i=1}^{n} F_{iz} = 0 \ . \tag{6.7}$$

Beispiel 6.1
Gegeben seien drei räumlich angeordnete Stäbe, die in reibungsfreien räumlichen Gelenken an einer Wand befestigt und in einem reibungsfreien räumlich gelenkigen Knoten P miteinander verbunden sind (Bild 6.2). Am Knoten P greift eine Gewichtskraft F_G an. Gesucht sind die Stabkräfte.
Lösung:
Die durch Gelenke an den Enden begrenzten Stäbe übertragen nur Kräfte

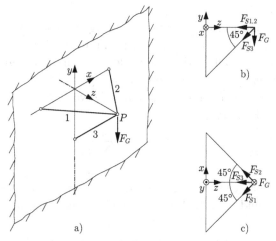

Bild 6.2. Räumliches Stabtragwerk a) mit Seitenansicht b) und Draufsicht c)

in Richtung der Stabachsen. Diese Aussage stellt eine Verallgemeinerung der Betrachtung zu Bild 5.2 dar. Für das räumliche Gleichgewicht des Stabes von Bild 5.2 ist auch das Verschwinden zunächst angenommener Kräfte in G_1, G_2 senkrecht zur Zeichenebene erforderlich.

Nach einem Schnitt mittels einer räumlichen geschlossenen Schnittfläche um den Punkt P in Bild 6.2 ergeben sich entsprechend den Ansichten b) und c) die folgenden Kräftegleichgewichtsbedingungen und Stabkräfte:

$$\uparrow y: \qquad -F_{S3}\frac{\sqrt{2}}{2} - F_G = 0\ , \qquad F_{S3} = -\sqrt{2}F_G\ ,$$

$$\uparrow x: \qquad -F_{S1}\frac{\sqrt{2}}{2} + F_{S2}\frac{\sqrt{2}}{2} = 0\ , \qquad F_{S1} = F_{S2}\ ,$$

$$\overset{z}{\rightarrow}: \qquad -F_{S2}\frac{\sqrt{2}}{2}2 - F_{S3}\frac{\sqrt{2}}{2} = 0\ , \qquad F_{S2} = -\frac{1}{2}F_{S3} = \frac{\sqrt{2}}{2}F_G = F_{S1}\ .$$

Dabei wurden für eine eindeutige Zuordnung der Ansichten von Bild 6.2 die Zählpfeile für die Gleichgewichtsbedingungen durch die Koordinatenbezeichnungen ergänzt. $\qquad\qquad\square$

6.2 Beliebige Kräfte und Momente im Raum

Wie in der ebenen Statik können im räumlichen Fall bei Äquivalenz- und Gleichgewichtsbetrachtungen am gesamten starren Körper Kraftangriffspunkte beliebig auf der Kraftwirkungslinie angeordnet, Wirkungslinien bei Berücksichtigung eines Versatzmomentes auf beliebige parallele Positionen verschoben und Einzelmomente in beliebige parallele Anordnungen gebracht werden. Verschiedene Kräftegruppen sind in Erweiterung von (2.8), (2.9) auf den räumlichen Fall statisch äquivalent, wenn sie die gleiche resultierende Kraft und bezüglich eines beliebigen Bezugspunktes das gleiche resultierende Moment ergeben. Es gilt deshalb anstelle von (2.8) der um die z-Richtung erweiterte Gleichungssatz

$$F_{Rx} = \sum_{i=1}^{n} F_{ix} , \qquad F_{Ry} = \sum_{i=1}^{n} F_{iy} , \qquad F_{Rz} = \sum_{i=1}^{n} F_{iz} \qquad (6.8)$$

für die Vektorkoordinaten der resultierenden Kraft und statt (2.9) die um die x-Richtung und die y-Richtung erweiterte Gleichungsmenge der Momente

$$M_{Rx} = F_{Rz}y_R - F_{Ry}z_R = \sum_{i=1}^{n}(F_{iz}y_i - F_{iy}z_i) = \sum_{i=1}^{n} M_{ix}^{(K)} ,$$

$$M_{Ry} = F_{Rx}z_R - F_{Rz}x_R = \sum_{i=1}^{n}(F_{ix}z_i - F_{iz}x_i) = \sum_{i=1}^{n} M_{iy}^{(K)} , \qquad (6.9)$$

$$M_{Rz} = F_{Ry}x_R - F_{Rx}y_R = \sum_{i=1}^{n}(F_{iy}x_i - F_{ix}y_i) = \sum_{i=1}^{n} M_{iz}^{(K)}$$

für die Koordinaten x_R, y_R, z_R eines Punktes auf der Wirkungslinie der resultierenden Kraft.

Die Maßzahlen des Momentenvektors $\mathbf{M}_i^{(K)}$ der Kraft $\mathbf{F}_i$ werden jetzt gemäß Bild 6.3 unter Benutzung des Abstandes zwischen der Kraftkomponentenwirkungslinie und der jeweiligen Koordinatenachse des kartesischen Bezugssystems nach der Rechtsschraubenregel gebildet. Gleiches gilt auch für das Moment $\mathbf{M}_R$ der resultierenden Kraft $\mathbf{F}_R$. Weiterhin ist zu sehen, dass die Vorschrift (6.9) dem Kreuzprodukt $\mathbf{M}_i^{(K)}$ des Ortsvektors $\mathbf{r}_i = x_i\mathbf{e}_x + y_i\mathbf{e}_y + z_i\mathbf{e}_z$ bezüglich O mit dem Kraftvektor $\mathbf{F}_i$ genügt

$$\mathbf{M}_i^{(K)} = M_{ix}\mathbf{e}_x + M_{iy}\mathbf{e}_y + M_{iz}\mathbf{e}_z = \mathbf{r}_i \times \mathbf{F}_i = \begin{vmatrix} \mathbf{e}_x & \mathbf{e}_y & \mathbf{e}_z \\ x_i & y_i & z_i \\ F_{ix} & F_{iy} & F_{iz} \end{vmatrix}$$

$$= (F_{iz}y_i - F_{iy}z_i)\mathbf{e}_x + (F_{ix}z_i - F_{iz}x_i)\mathbf{e}_y + (F_{iy}x_i - F_{ix}y_i)\mathbf{e}_z .$$
$$(6.10)$$

In Bild 6.3 wurde außer der Kraft $\mathbf{F}_i$ auch ein Einzelmoment

$$\mathbf{M}_k = \mathbf{M}_{kx} + \mathbf{M}_{ky} + \mathbf{M}_{kz} = M_{kx}\mathbf{e}_x + M_{ky}\mathbf{e}_y + M_{kz}\mathbf{e}_z$$

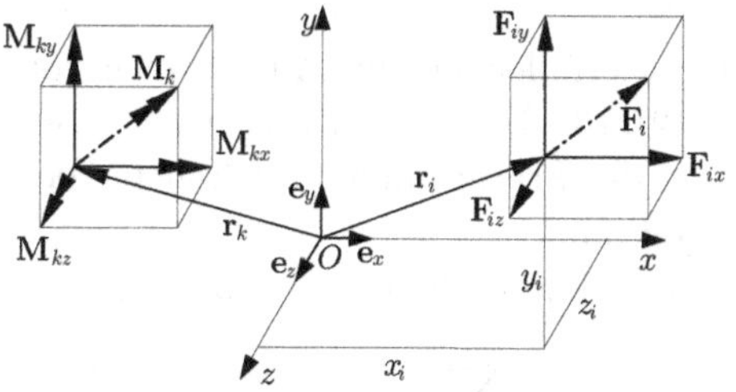

Bild 6.3. Komponentenzerlegung von Kräften und Einzelmomenten

mit seinen Komponenten und dem Angriffspunkt $\mathbf{r}_k$ eingetragen. Damit ergibt sich das gesamte resultierende Moment $\mathbf{M}_G$ bezüglich O aus der Summe der Momente $\mathbf{M}_i^{(K)}$ der Kräfte $\mathbf{F}_i$ bezüglich O und der Summe der Einzelmomente $\mathbf{M}_k$

$$\mathbf{M}_G = \sum_{i=1}^{n} r_i \times F_i + \sum_{k=1}^{m} \mathbf{M}_k = \sum_{i=1}^{n} \mathbf{M}_i^{(K)} + \sum_{k=1}^{m} \mathbf{M}_k \ . \tag{6.11}$$

6.3 Gleichgewichtsbedingungen

Aus der Erfahrung folgt, dass das Gleichgewicht eines Körpers gewährleistet ist, wenn die resultierende Kraft und das gesamte resultierende Moment gemeinsam verschwinden.

$$\mathbf{F}_R = \sum_{i=1}^{n} \mathbf{F}_i = \mathbf{0} \ , \tag{6.12}$$

$$\mathbf{M}_G = \sum_{i=1}^{n} \mathbf{r}_i \times \mathbf{F}_i + \sum_{k=1}^{m} \mathbf{M}_k = \mathbf{0} \ . \tag{6.13}$$

Mit dem Verschwinden der resultierenden Kraft ist der Bezugspunkt für die Momentenbilanz wie im ebenen Fall beliebig wählbar. Der Angriffspunkt $\mathbf{r}_k$ des Einzelmomentes geht nicht in die Bilanzen (6.12), (6.13) für den gesamten Körper ein. Er wurde aber in Bild 6.3 angegeben, da er für die Verteilung der Schnittlasten im Körper wichtig ist (vgl. auch Abschnitt 1.2.2). Die Bedingung (6.13), die ähnlich wie (2.16) die schon in Abschnitt 2.2.2 vorausgesetzte statische Äquivalenz von Einzelmomenten und Kräftepaaren ermöglicht, bleibt auch dann bedeutsam, wenn keine Kräfte am Körper angreifen. Dies ergibt einen besonders einfachen Spezialfall des vollständigen Gleichungssystems (6.12), (6.13).

Die gemeinsam zu erfüllenden, im Allgemeinen voneinander unabhängigen Gleichungen (6.12), (6.13), d.h. (6.13) ist nicht aus (6.12) gewinnbar, stellen die Grundgesetze der Statik dar und gelten für den gesamten Körper und beliebige Teile von ihm.

In kartesischen Koordinaten lauten sie

$$\sum_{i=1}^{n} F_{ix} = 0, \ \rightarrow: \ \dots, \quad \sum_{i=1}^{n} F_{iy} = 0, \ \uparrow: \ \dots, \quad \sum_{i=1}^{n} F_{iz} = 0, \ \odot: \ \dots, \quad (6.14)$$

$$\sum_{i=1}^{n} (F_{iz} y_i - F_{iy} z_i) + \sum_{k=1}^{m} M_{kx} = 0, \quad \rightarrow: \ \dots,$$

$$\sum_{i=1}^{n} (F_{ix} z_i - F_{iz} x_i) + \sum_{k=1}^{m} M_{ky} = 0, \quad \uparrow: \ \dots, \quad (6.15)$$

$$\sum_{i=1}^{n} (F_{iy} x_i - F_{ix} y_i) + \sum_{k=1}^{m} M_{kz} = 0, \quad \zeta: \ \dots.$$

Die Momentenzählpfeile in (6.15) gehören jeweils zu einer Bezugsachse, ergänzend zu den in den runden Klammern benutzten Koordinaten.

Die drei Bedingungen (6.14) entsprechen dem Freiheitsgrad $f = 3$ eines Punktes der NEWTONschen Mechanik, alle sechs Gleichungen (6.14), (6.15) dem Freiheitsgrad $f = 6$ des starren Körpers in der von uns benutzten EULERschen Mechanik.

In der Auswertung von (6.14), (6.15) ist analog zu (2.15), (2.16) für jede Gleichung ein einheitlicher Zählsinn zu benutzen.

Anstelle von (6.14) können im Einzelfall bis zu drei weitere Momentenbilanzen verwendet werden, die so aufzustellen sind, dass keine linear abhängigen Gleichungen entstehen. Letzteres fällt spätestens bei der Lösung des Gleichungssystems auf und ist dann noch zu beheben.

Wie schon am Ende von Kapitel 5 festgestellt, lassen sich die Grundgesetze der Statik (6.12), (6.13) kontinuumsmechanisch durch Einführung von Lastdichten, d.h. voneinander unabhängigen Kraft- bzw. Momentendichten, gebildet pro Längen-, Flächen- oder Volumeneinheit, verallgemeinern. In den für den ganzen Körper und beliebige Körperteile nichtdifferentieller Abmessungen geltenden sogenannten globalen Bilanzen sind die konzentrierten Einzellasten noch zugelassen. Werden die Bilanzen für Volumendifferenziale des Körpers gefordert (sogenannte lokale Bilanzen), so dürfen sie entsprechend den Regeln der Differentialrechnung keine Einzellasten enthalten.

Kapitel 7
Räumliche Tragwerke

7

7 Räumliche Tragwerke

7

7 Räumliche Tragwerke

Wie in Abschnitt 1.1 bemerkt, hat ein starrer Körper im Raum den Freiheitsgrad $f = 6$ entsprechend der Tatsache, dass er drei Verschiebungen und drei Winkeländerungen unterliegen kann. Für seine statisch bestimmte Lagerung als Teil eines Tragwerkes müssen diese möglichen Bewegungen durch sechs Bindungen an die Umgebung verhindert werden. Lager realisieren Bindungskombinationen, die sich nach der Anzahl der arretierten Verschiebungen und Winkeländerungen unterscheiden, was zu einer größeren Zahl von Lagerarten führt.

7.1 Lagerarten

Wegen der Vielfalt möglicher räumlicher Lagerarten können hier nur einige typische Beispiele angegeben werden (Bild 7.1), wobei die Systematik dem Bild 3.4 entspricht. Die Besonderheiten einer Konstruktion sind im konkreten

Bezeichnung	Symbol	Art und Anzahl der Lagerreaktionen	Freiheitsgrad am Lager
gelenkiges Festlager (dreizählig)	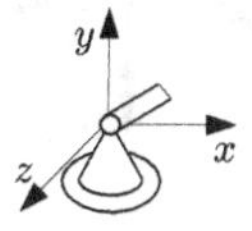		$f_L=3$ 1 Drehung um x 1 Drehung um y 1 Drehung um z
Einspannung (sechszählig)	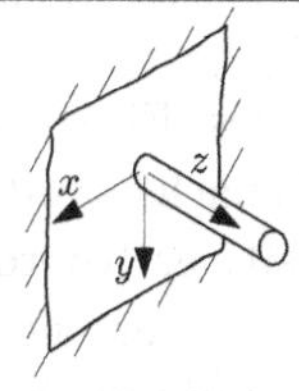	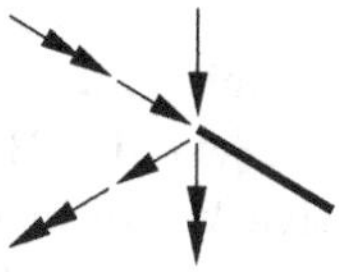	$f_L=0$
Festlager mit ebener Gelenkigkeit (fünfzählig)	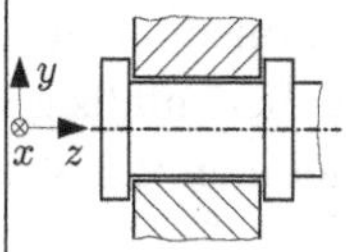	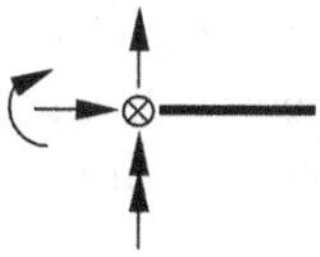	$f_L=1$ 1 Drehung um z
gelenkiges Loslager (zweizählig)	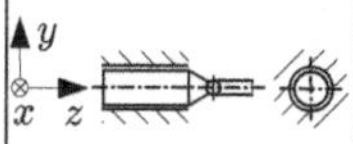	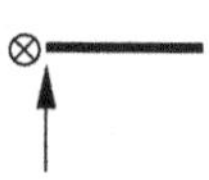	$f_L=4$ 1 Drehung um x 1 Drehung um y 1 Drehung um z 1 Verschiebung in z

Bild 7.1. Beispiele räumlicher Lager

Einzelfall zu berücksichtigen. Lagerspiel und Reibung werden hier wie im ebenen Fall ausgeschlossen. Die im ebenen Fall benutzten Indizes h und v für horizontal und vertikal werden jetzt durch die kartesischen Koordinaten x, y, z ersetzt.

7.2 Schnittreaktionen des Balkens

Zu den in der ebenen Statik schon benutzten Schnittgrößen Längskraft, Querkraft und Biegemoment, treten in der räumlichen Statik noch eine weitere Querkraft, ein weiteres Biegemoment und ein Torsionsmoment hinzu. Die beiden Querkräfte und Biegemomente müssen durch extra Indizes unterschieden werden. Wir benutzen die Bezeichnungen gemäß Bild 7.2, wo mögliche eingeprägte Lasten am rechten Balkenteil weggelassen wurden.

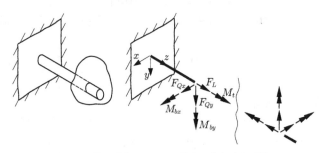

Bild 7.2. Bezeichnung räumlicher Schnittgrößen

Die Zählpfeile der Schnittgrößen (alles Einzellasten) sind am positiven Schnittufer (d.h. dort, wo die Balkenachskoordinate z aus dem Balken heraustritt) für positive Werte in positiver Koordinatenrichtung orientiert. Längskraft F_L, Querkraft F_{Qy} und Biegemoment M_{bx} wurden schon früher eingeführt. Die Wirkung der hinzugekommenen Schnittgrößen F_{Qx} und M_{by} ist analog zu F_{Qy} und M_{bx}. Das Torsionsmoment M_t wirkt in Balkenachsrichtung. Wie im ebenen Fall sind gegebenenfalls geometrie- und belastungsbedingte Bereichseinteilungen vorzunehmen. Dies wird anschließend demonstriert.

7.3 Beispiele

In den folgenden Beispielen werden sowohl Lager- als auch Schnittreaktionen bestimmt.

Beispiel 7.1

Ein gestützter Balken wird durch zwei mit ihren Wirkungslinien aufeinander senkrecht stehende, die Balkenachse senkrecht schneidende Kräfte F_1, F_2 belastet (Bild 7.3). Diese Kräfte haben keine Folgen hinsichtlich der Drehbarkeit des Balkens um seine Längsachse. Gesucht sind die Lagerreaktionen.

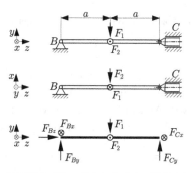

Bild 7.3. Räumlich belasteter Balken

Lösung:
Der freigemachte Balken enthält die eingeprägten Kräfte F_1, F_2 und die Lagerkräfte in zwei Ebenen.
Mit den Gleichgewichtsbedingungen (6.14), (6.15) des gesamten Balkens ergibt sich:

$$\rightarrow :\quad F_{Bz} = 0\ ,$$

$$\widehat{B}:\quad F_{Cy}2a - F_1a = 0\ ,\qquad\qquad F_{Cy} = \frac{1}{2}F_1\ ,$$

$$\uparrow :\quad F_{By} - F_1 + F_{Cy} = 0\ ,\qquad F_{By} = \frac{1}{2}F_1\ ,$$

$$\uparrow\!B:\quad -F_2a + F_{Cx}2a = 0\ ,\qquad F_{Cx} = \frac{1}{2}F_2\ ,$$

$$\otimes :\quad F_{Bx} - F_2 + F_{Cx} = 0\ ,\qquad F_{Bx} = \frac{1}{2}F_2\ ,$$

$$\rightarrow\!\!\!\!\rightarrow :\quad 0 = 0\ .$$

Der Buchstabe B bezeichnet einen Punkt der Momentenbezugsachse.   □

Beispiel 7.2

Am freien Ende eines eingespannten, abgewinkelten Balkens mit den Abmessungen a, b greift unter dem Winkel α eine Einzelmoment M an. Gesucht sind die Lagerreaktionen.
Lösung:
Nach dem Freimachen des gesamten Tragwerkes liegen an der Einspannstelle

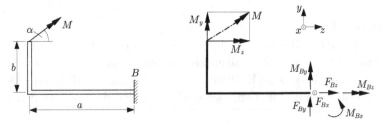

Bild 7.4. Abgewinkelter Balken unter reiner Momentenbelastung

B drei Lagerkräfte und drei Lagermomente vor. Das eingeprägte Einzelmoment M wird unter Anwendung des Vektorparallelogrammes für Einzelmomentenvektoren (vgl. Abschnitt 1.2.2) in Richtung der eingeführten Koordinatenachsen zerlegt. Die Gleichgewichtsbedingungen (6.14), (6.15) liefern:

$$\rightarrow: \quad F_{Bz} = 0, \qquad \uparrow: F_{By} = 0, \qquad \odot: F_{Bx} = 0,$$

$$\twoheadrightarrow: \quad M_{Bz} + M_z = 0, \qquad M_{Bz} = -M_z = -M\cos\alpha,$$

$$\Uparrow: \quad M_{By} + M_y = 0, \qquad M_{By} = -M_y = -M\sin\alpha,$$

$$\curvearrowleft: \quad M_{Bx} = 0.$$

Wie in Abschnitt 1.2.2 behauptet, beeinflussen die Abmessungen a, b, die den Angriffspunkt des Einzelmomentes M festlegen, nicht die Gleichgewichtsbedingungen des gesamten starren Körpers. □

Beispiel 7.3
Ein eingespannter abgewinkelter Balken ist am freien Ende durch zwei Kräfte F_1, F_2 und ein Torsionsmoment M_{t0} belastet (Bild 7.5). Gesucht sind die Lager- und Schnittreaktionen. Für die grafische Darstellung der Schnittreaktionen sei $a = b$, $F_1 = F_2 = F$ und $M_{t0} = Fa/2$.
Lösung:
Die Gleichgewichtsbedingungen für das gesamte Tragwerk (hier und anschließend werden zur Verdeutlichung der jeweiligen Zählrichtung und Lage der Momentenbezugsachse die Koordinatenbezeichnungen hinter die Zählpfeile geschrieben) ergeben die Lagerreaktionen, wobei obige Zahlenwerte eingesetzt wurden.

$$\nearrow x: \quad F_{Bx} - F_1 = 0, \qquad F_{Bx} = F_1 = F,$$

$$\downarrow y: \quad F_{By} + F_2 = 0, \qquad F_{By} = -F_2 = -F,$$

$$\searrow z: \quad F_{Bz} = 0,$$

$$\swarrow x: \quad M_{Bx} - F_2 a - M_{t0} = 0 \ , \qquad M_{Bx} = F_2 a + M_{t0} = 3Fa/2 \ ,$$

$$\downarrow y: \quad M_{By} - F_1 a = 0 \ , \qquad M_{By} = F_1 a = Fa \ ,$$

$$\searrow z: \quad M_{Bz} - F_2 b = 0 \ , \qquad M_{Bz} = F_2 b = Fa \ .$$

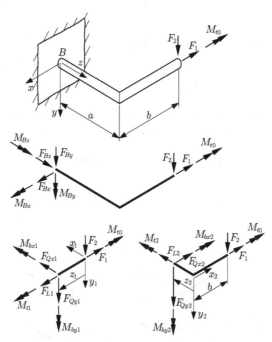

Bild 7.5. Räumliche Schnitt- und Lagerreaktionen eines abgewinkelten Balkens

Wegen der Abwinkelung sind zwei Bereiche für die Schnittreaktionen erforderlich. Die Schnittreaktionszählpfeile bekommen zweckmäßig dieselbe Orientierung wie die Bereichskoordinaten. Im Bereich 1 gilt mit $0 \leq z_1 < b$:

$$\nwarrow x_1: \quad F_{Qx1} = 0 \ ,$$

$$\downarrow y_1: \quad F_{Qy1} + F_2 = 0 \ , \qquad F_{Qy1} = -F_2 \ ,$$

$$\nearrow z_1: \quad F_{L1} - F_1 = 0 \ , \qquad F_{L1} = F_1 \ ,$$

$$\nwarrow x_1: \quad M_{bx1} + F_2 z_1 = 0 \ , \qquad M_{bx1} = -F_2 z_1 \ ,$$

$$\downarrow y_1: \quad M_{by1} = 0 \ ,$$

$$\swarrow z_1: \quad M_{t1} - M_{t0} = 0 \ , \qquad M_{t1} = M_{t0} \ .$$

Der Bereich 2 liefert für $0 < z_2 \leq a$:

$$\nearrow x_2 : \quad F_{Qx2} + F_1 = 0 \ , \qquad F_{Qx2} = -F_1 \ ,$$

$$\downarrow y_2 : \quad F_{Qy2} + F_2 = 0 \ , \qquad F_{Qy2} = -F_2 \ ,$$

$$\searrow z_2 : \quad F_{L2} = 0 \ ,$$

$$\nearrow x_2 : \quad M_{bx2} + F_2 z_2 + M_{t0} = 0 \ , \qquad M_{bx2} = -F_2 z_2 - M_{t0} \ ,$$

$$\downarrow y_2 : \quad M_{by2} - F_1 z_2 = 0 \ , \qquad M_{by2} = F_1 z_2 \ ,$$

$$\nwarrow z_2 : \quad M_{t2} + F_2 b = 0 \ , \qquad M_{t2} = -F_2 b \ .$$

Bei $z_2 = a$ gehen die Schnittreaktionen bis auf den Vorzeichenwechsel von F_{L2}, M_{t2}, F_{Qx2}, M_{bx2} in die Lagerreaktionen über:

$$F_{Bx} = -F_{Qx2}(a) \ , \quad F_{By} = Q_{y2}(a) \ , \quad F_{Bz} = -F_{L2}(a) \ ,$$

$$M_{Bx} = -M_{bx2}(a) \ , \quad M_{By} = M_{by2}(a) \ , \quad M_{Bz} = -M_{t2}(a) \ .$$

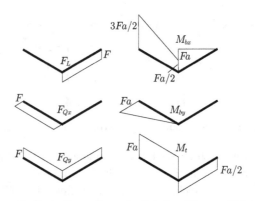

Bild 7.6. Grafische Darstellung der Schnittgrößen von Beispiel 7.3

Für die grafische Darstellung der Schnittgrößen (Bild 7.6) sollen folgende Auftragungsrichtungen gelten: F_L, F_{Qy}, M_t positiv in y-Richtung, F_{Qx1}, F_{Qx2} positiv in x_1- bzw. x_2-Richtung und M_{bx}, M_{by} positiv auf der jeweiligen Zugseite des Balkens, das ist die Seite des Balkens, die infolge eines Biegemomentes mit einer Orientierung gemäß Zählpfeil gedehnt wird (Bild 7.5). □

Kapitel 8
Reibung

8

8

8 Reibung

Bei der Modellierung der Lager für Tragwerke war bisher stillschweigend vorausgesetzt worden, dass die Arretierung von Verschiebungen oder Verdrehungen mittels Formschlusses geschieht. Eine weitere im Folgenden zu erörternde Möglichkeit, Bindungen zu realisieren, besteht in der Ausnutzung der Haftreibung. Da bei Überschreiten der Grenze für die Haftreibung Gleiten einsetzt, liegt es nahe, beide Situationen gemeinsam zu studieren, auch wenn der Übergang zum Gleiten mit der Verletzung der Ruhe einhergeht und deshalb aus der Statik hinausführt.

8.1 Grundlagen

Wir betrachten die tangentiale Kraftwechselwirkung zwischen ebenen gedrückten Festkörperoberflächen.

Haftreibung liegt vor, wenn keine tangentiale Relativbewegung zwischen den Oberflächen stattfindet. Diese Situation ist für einen Klotz vom Gewicht F_G auf einer horizontalen Unterlage gegeben (Bild 8.1a).

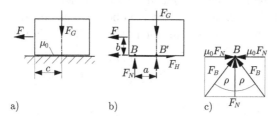

a) b) c)

Bild 8.1. Haftreibklotz auf Unterlage a), freigemacht b) und mögliche Lagerreaktionen c)

Erfahrungsgemäß kann in horizontaler Richtung eine gewisse Kraft F mit der angegebenen Orientierung oder entgegengesetzt dazu angreifen, ohne dass der Klotz in Bewegung gerät. Der Kraftbetrag darf dabei eine Grenze, die von dem für die Oberflächenpaarung typischen Haftreibungskoeffizient μ_0 und der durch die Unterlage auf den Klotz ausgeübten resultierenden Kraft F_N (Bild 8.1b) der Normaldruckverteilung abhängt, nicht überschreiten. Die wahre Lage der Wirkungslinie von F_N ist zunächst unbestimmt. Die Haftreibungskraft F_H wirkt tangential zu den gedrückten Oberflächen. Ihr Orientierungssinn ist im Allgemeinen nicht bekannt, die Eintragung ihres Zählpfeilsinns in Bild 8.1b deshalb willkürlich.

Die Kräftebilanzen liefern

$$\uparrow: \quad F_N - F_G = 0 \ , \qquad F_N = F_G \ , \tag{8.1}$$

$$\rightarrow: \quad F_H - F = 0 \ , \qquad F_H = F \ . \tag{8.2}$$

Aus der Momentenbilanz

$$\overset{\curvearrowright}{B'}: \quad Fb - F_N a = 0$$

folgt mit (8.1)

$$a = \frac{F}{F_G} \, b \ .$$

Dieser Abstand zwischen den Wirkungslinien von F_N und F_G muss für $F > 0$ die Bedingung

$$a < c$$

erfüllen, damit Kippen des Klotzes ausgeschlossen bleibt. Eine analoge Überlegung gilt für $F < 0$.

Bild 8.1b zeigt noch eine andere Belastungsanordnung, in der F um b parallel nach unten und entsprechend F_N parallel nach rechts verschoben sind (beide gestrichelt dargestellt). Diese und die ursprüngliche Anordnung verursachen in den folgenden Betrachtungen keinen Unterschied.

Die durch die Erfahrung bestätigte obere Grenze für den Betrag der Haftreibungskraft führt mit der üblichen Definition des Betrages

$$|F_H| = \begin{cases} F_H, & F_H \geq 0 \\ -F_H, & F_H \leq 0 \end{cases}$$

auf

$$|F_H| \leq \mu_0 F_N \tag{8.3}$$

bzw. zu

$$-\mu_0 F_N \leq F_H \leq \mu_0 F_N \tag{8.4}$$

(Haftreibungsgesetz nach COULOMB).

Mit einem positiven Wert für F_G und dem Zählpfeil von F_G nach Bild 8.1a wirkt auf die Reibflächen der geforderte Druck. Bei positivem $F = F_H$ in (8.2) gilt die rechte Ungleichung von (8.4), bei negativem $F = F_H$ die linke. Die Richtung der resultierenden Reaktion F_B bei B mit der Wirkungslinie durch B wird gemäß Bild 8.1c durch das gleichschenklige Dreieck mit dem Öffnungswinkel 2ρ begrenzt. Aus Bild 8.1c folgt

$$\tan \rho = \frac{\mu_0 F_N}{F_N} = \mu_0 \ . \tag{8.5}$$

Das gleichschenklige Dreieck kann auch als Schnitt durch den sogenannten „Reibkegel" um die Wirkungslinie von F_N aufgefasst werden. Dann begrenzt (8.3) die Haftreibungskraft mit allen Orientierungen in der Ebene parallel zur Reibfläche.

Wie oben gezeigt, bestimmt sich die Haftreibkraft F_H innerhalb ihrer Begrenzung als Reaktionskraft aus der Bilanz mit der eingeprägten Kraft F unabhängig von der Materialpaarung der Reibflächen. Letztere beeinflussen gemäß (8.3) nur den maximalen Betrag dieser Reaktionskraft.

Gleitreibung ist an die tangentiale Relativbewegung der Reibflächen gebunden. Dabei soll der betrachtete Körper in Ruhe bleiben bzw. sich nur mit konstanter Geschwindigkeit bezüglich des raumfesten Bezugssystems, d.h. mit konstanter Absolutgeschwindigkeit, bewegen. Beide Zustände sind, wie in der Kinetik gezeigt wird, mechanisch gleichwertig. Wir untersuchen wieder einen Reibklotz vom Gewicht F_G auf horizontaler Unterlage (Bild 8.2a).

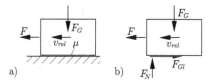

Bild 8.2. Gleitreibklotz auf Unterlage a) und freigemacht b)

Er besitze infolge der Kraft F gegenüber der Unterlage die konstante Relativgeschwindigkeit v_{rel} mit dem angezeigten Richtungssinn. Die Unterlage übt die Gleitreibungskraft F_{Gl} auf den Klotz aus, die entgegengerichtet zur Relativgeschwindigkeit wirkt und nach dem Gleitreibungsgesetz von COULOMB näherungsweise unabhängig vom Betrag der Relativgeschwindigkeit aus

$$F_{Gl} = \mu F_N \tag{8.6}$$

berechnet werden kann, wobei μ den materialpaarungsabhängigen Gleitreibungskoeffizient bezeichnet. Das Gleitreibungsproblem (Bild 8.2b) erfordert dann außer (8.1) die Bilanzgleichung der beiden eingeprägten Kräfte F, F_{Gl}

$$\rightarrow: \quad -F + F_{Gl} = 0 \ , \tag{8.7}$$

welche gewährleistet, dass der Klotz seine Absolutgeschwindigkeit nicht ändert oder in Ruhe verharrt, wenn die Relativgeschwindigkeit durch Bewegung der Unterlage erzeugt wird.

Das oben über die Haft- und Gleitreibung zwischen ebenen Festkörperoberflächen Gesagte, lässt sich sinngemäß übertragen auf Fälle mit gekrümmten Flächen. Bei unterschiedlicher Krümmung der Festkörperoberflächen liegt dann die Reibungskraft in der Tangentialebene im Berührungspunkt der beiden Festkörper.

Anhaltswerte für die Reibungskoeffizienten zweier Materialpaarungen (bei trockener Reibung) sind in der folgenden kleinen Tabelle enthalten.

	Haftreibungskoeffizient μ_0	Gleitreibungskoeffizient μ
Stahl/Stahl	0,2	0,1
Metall/Holz	0,5	0,3

Die hier ersichtliche Tatsache $\mu_0 > \mu$ gilt allgemein. Sie lässt sich auch in dem Bild 8.3 veranschaulichen.

Bild 8.3. Abhängigkeit der Reibungskoeffizienten von der Relativgeschwindigkeit

Hier wird der singuläre Charakter der Haftreibung deutlich. Bei der geringsten Relativgeschwindigkeit, wie sie z.B. infolge einer Erschütterung auftreten kann, besteht die Gefahr, dass ein an der Haftreibungsgrenze belasteter Körper unter Verletzung des Gleichgewichtes in den Zustand des Gleitreibens übergeht. Die Richtung der Haftreibungskraft für die Grenze des Übergangs zum Gleiten ist dabei entgegengesetzt zur Richtung der erwarteten Relativgeschwindigkeit des Körpers beim Gleiten.

8.2 Beispiele

Im Folgenden werden sowohl Haft- als auch Gleitreibungsprobleme behandelt.

Beispiel 8.1
Auf einer schiefen Ebene mit dem Neigungswinkel α befindet sich ein Körper mit der Masse m (Bild 8.4). Gesucht sind für gegebene Koeffizienten μ_0, μ der Haft- bzw. Gleitreibung der maximale Winkel für Haftreibung und der minimale Winkel für Gleitreibung nach Lösen der Haftung. Die Körperform wird als hinreichend flach vorausgesetzt, so dass Kippen des Körpers ausgeschlossen ist.

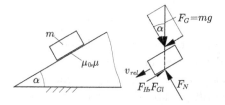

Bild 8.4. Haft- und Gleitreibung auf schiefer Ebene

Lösung:

Wir beginnen mit der Untersuchung des Haftens. Nach dem Freimachen der Reibstelle ergeben die Gleichgewichtsbedingungen:

$$\nwarrow: \quad F_N - F_G \cos\alpha = 0 \,, \qquad F_N = F_G \cos\alpha > 0 \,,$$

$$\nearrow: \quad F_H - F_G \sin\alpha = 0 \,, \qquad F_H = F_G \sin\alpha > 0 \,.$$

Damit folgt aus (8.3)

$$|F_H| = F_H \leq \mu_0 F_G \cos\alpha$$

bzw.

$$\tan\alpha \leq \mu_0$$

und

$$\alpha_{max} = \arctan\mu_0 \,.$$

Dieses Ergebnis ist technisch nicht verwertbar, wenn das Haften auch bei Erschütterungen sicher garantiert werden soll. Dann muss wegen $\mu < \mu_0$ (siehe Bild 8.3) mit

$$\bar{\alpha}_{max} < \arctan\mu$$

ein kleinerer maximaler Neigungswinkel $\bar{\alpha}_{max}$ gefordert werden. Andererseits beträgt der minimale Winkel zur sicheren Überwindung des Haftens bei fehlender Erschütterung

$$\alpha_{min} > \arctan\mu_0 \,.$$

Schließlich gewährleistet der aus

$$\bar{\alpha}_{min} = \arctan\mu$$

bestimmte Winkel $\bar{\alpha}_{min}$ das Gleiten mit konstanter Absolutgeschwindigkeit. $\qquad\square$

Beispiel 8.2

Eine Metallleiter steht auf einem Holzboden und lehnt an einer Holzwand. Gegeben sind die Abmessungen b und a aus $b/a = k > 1$ nach Bild 8.5a sowie die Reibungskoeffizienten für Haften μ_0 und Gleiten $\mu < \mu_0$. Gesucht ist die Höhe h des Angriffspunktes des Gewichtes F_G auf der Leiter, so dass Haften gerade noch stattfindet bzw. so dass Abrutschen der Leiter sicher vermieden wird. Das Eigengewicht der Leiter sei gegenüber F_G vernachlässigbar.

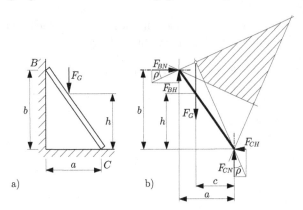

Bild 8.5. Zum Haften und Abrutschen einer Leiter

Lösung:

Beim Freimachen der Leiter werden die Normalkomponenten der Lagerreaktionen als Druckkräfte vorausgesetzt und die Haftreibungskräfte für die Grenze des Übergangs zu einem möglichen Gleiten entgegengesetzt zum erwarteten Richtungssinn der relativen Gleitgeschwindigkeit an den Punkten B bzw. C eingetragen. Dies entspricht den beiden Grenzlagen der resultierenden Lagerreaktionen gemäß dem größten Wert für h in der grafischen Lösung mit der Gleichgewichtsforderung, dass sich die Wirkungslinien der drei beteiligten Kräfte (resultierende Lagerreaktionen bei B und C sowie Gewichtskraft F_G) in einem Punkt schneiden (Bild 8.5b). Dieser Schnittpunkt liegt sonst irgendwo in der schraffierten Fläche. Mit der gewonnenen Zusatzinformation folgt $F_{CH} > 0$ und $F_{BH} > 0$.

Die Gleichgewichtsbedingungen liefern drei Gleichungen

$$\uparrow: \quad F_{BH} - F_G + F_{CN} = 0 \ ,$$

$$\rightarrow: \quad F_{BN} - F_{CH} = 0 \ ,$$

$$\stackrel{\frown}{C}: \quad -F_{BN}b - F_{BH}a + F_G c = 0$$

für die vier unbekannten Kräfte F_{BH}, F_{BN}, F_{CH}, F_{CN} und den gesuchten Abstand c, aus dem sich die Höhe h ergibt. Es liegt also statische Unbestimmtheit vor, die durch zusätzliche Gleichungen behoben werden muss. An der Grenze des Haftens gilt gemäß (8.3) für $F_{CH} > 0$, $F_{BH} > 0$:

$$F_{CH} = \mu_0 F_{CN} , \qquad F_{BH} = \mu_0 F_{BN} .$$

Dies wird in die Gleichgewichtsbedingungen eingesetzt:

$$\mu_0 F_{BN} + F_{CN} = F_G ,$$
$$F_{BN} - \mu_0 F_{CN} = 0 ,$$
$$-(b + \mu_0 a) F_{BN} + F_G c = 0 .$$

Das entstandene System von drei linearen Gleichungen für die drei Unbekannten F_{BN}, F_{CN} und c erlaubt zunächst die Bestimmung von F_{BN} aus den ersten beiden Gleichungen und anschließend c aus der letzten:

$$F_{BN} = \frac{\mu_0 F_G}{1 + \mu_0^2} , \qquad c = \frac{\mu_0(b + \mu_0 a)}{1 + \mu_0^2} .$$

Mittels Strahlensatzes folgt aus Bild 8.5b und mit $b/a = k$

$$h = \frac{b}{a}\, c = b\, \frac{\mu_0(k + \mu_0)}{1 + \mu_0^2} .$$

Damit Abrutschen sicher vermieden wird, ist in dieser Gleichung μ anstelle von μ_0 zu benutzen und dann

$$h < b\, \frac{\mu(k + \mu)}{1 + \mu^2}$$

zu fordern. $\qquad\qquad\qquad\qquad\qquad\qquad\qquad\qquad\qquad\qquad\qquad\qquad$ □

Beispiel 8.3

Gegeben ist das aus Gestänge, Backe und Trommel bestehende vereinfachte Modell einer Backenbremse mit den Abmessungen a, b, c, R, der Kraft F und dem Gleitreibungskoeffizient μ (Bild 8.6). Gesucht ist das Antriebsmoment M für beide Drehrichtungen und konstante Drehgeschwindigkeit der Trommel.

Lösung:
Es wird angenommen, dass die unbekannte Druckverteilung zwischen Bremsbacke und -trommel durch die resultierende Normalkraft F_N im Punkt D ersetzt werden kann (Bild 8.6a). Die Anordnung der freigemachten Bremse berücksichtigt eine Trommeldrehrichtung entgegen dem Uhrzeigersinn (Bild 8.6b) und eine im Uhrzeigersinn (Bild 8.6c). Die Gleitreibungskräfte F_{Gl} sind

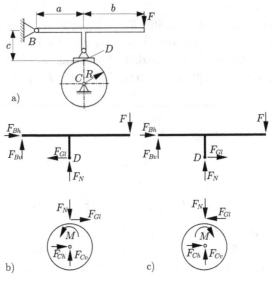

Bild 8.6. Modell einer Backenbremse

jeweils entgegengesetzt zur tangentialen Relativgeschwindigkeit am Punkt D eingetragen.

Das Momentengleichgewicht der Trommel um C ergibt für beide Drehrichtungen

$$M = F_{Gl}R \ .$$

Die Momentenbilanz des Gestänges um B für die Drehrichtungen nach Bild 8b, c liefert

$$\widehat{B}: \quad F_N a - F(a+b) \mp F_{Gl}c = 0 \ ,$$

woraus mit dem Gleitreibungsgesetz (8.6)

$$F_N = \frac{1}{\mu} \, F_{Gl}$$

$$F_{Gl} = F\frac{a+b}{\dfrac{a}{\mu} \mp c}$$

bzw.

$$M = F_{Gl}R = FR\frac{a+b}{\dfrac{a}{\mu} \mp c}$$

folgen. Das Minuszeichen im Nenner des Bruches gehört zu der Drehrichtung von Bild 8.6b, das Pluszeichen zum entgegengesetzten Drehsinn. Für $c = 0$ bleibt der Drehsinn ohne Einfluss auf das Ergebnis. Unter der Voraussetzung des Drehsinns von Bild 8.6b und $a \leq \mu c$ kann das Gleichgewicht im Bremsvorgang nicht aufrechterhalten werden. Es tritt Selbsthemmung ein.

□

8.3 Seilreibung

8.3

Wir betrachten ein durch ein Gewicht G belastetes Seil, das auf einem Kreissektor mit dem Winkel α geführt und dabei um diesen Winkel umgelenkt wird (Bild 8.7). Der Winkel α wird als Umschlingungswinkel bezeichnet.

Bild 8.7. Seilführung mit Umschlingungswinkel α

Die Erfahrung besagt, dass zum Halten oder Absenken des Gewichtes eine (positive) Seilkraft F_S benötigt wird, die kleiner als die Gewichtskraft F_G ist. Für eine weitergehende Analyse dieses Sachverhaltes nehmen wir an, dass die schon früher benutzten Reibungsgesetze lokal an jedem Berührungspunkt zwischen Seil und Scheibe gelten.

Dazu betrachten wir ein Seilelement mit dem differentiellen Umschlingungswinkel $d\varphi$ (Bild 8.8).

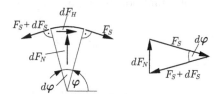

Bild 8.8. Lage- und Kräfteplan des Seilelements

Die Kräftebilanzen liefern

$$\uparrow: \quad dF_N - F_S d\varphi = 0 , \quad dF_N = F_S d\varphi , \tag{8.8}$$

$$\rightarrow: \quad -dF_S + dF_H = 0 , \quad dF_H = dF_S . \tag{8.9}$$

Diese differentiellen Gleichungen enthalten bereits den Grenzübergang $d\varphi \to 0$, so dass darin ohne Vernachlässigungen $\sin d\varphi = d\varphi$, $\cos d\varphi = 1$, $dF_S d\varphi + dF_S = dF_S$ usw. gesetzt werden durfte (vgl. hierzu die Diskussion zur Herleitung von (4.3), (4.4)).

Im Falle der Haftreibung gilt mit (8.3)

$$|dF_H| \leq \mu_0 dF_N \ , \tag{8.10}$$

wobei der Haftreibungskoeffizient μ_0 nicht vom Ort abhängen, d.h. eine Konstante sein soll.

Es sei zunächst $dF_S > 0$. Dies entspricht einer Zunahme der Seilkraft mit wachsendem Umschlingungswinkel φ. Dann ist mit (8.9)

$$dF_H = dF_S > 0$$

und mit (8.8), (8.10)

$$dF_S \leq \mu_0 F_S d\varphi \ . \tag{8.11}$$

Den Intervallgrenzen des Umschlingungswinkels $\varphi = 0...\alpha$ werden die Intervallgrenzen der Seilkraft $F_S = F_{S1}...F_{S2}$ zugeordnet. Die Integration von (8.11) liefert dann

$$\int_{F_{S1}}^{F_{S2}} \frac{dF_S}{F_S} \leq \mu_0 \int_0^\alpha d\varphi$$

bzw. wegen $F_{S1}, F_{S2} > 0$

$$\ln \frac{F_{S2}}{F_{S1}} \leq \mu_0 \alpha \ ,$$

und da die Exponentialfunktion streng monoton steigt,

$$\exp\left(\ln \frac{F_{S2}}{F_{S1}}\right) \leq \exp(\mu_0 \alpha) \ ,$$

so dass

$$F_{S2} \leq F_{S1} e^{\mu_0 \alpha} \ . \tag{8.12}$$

folgt.

Im Fall $dF_S < 0$ (mit zunehmendem Umschlingungswinkel nimmt die Seilkraft ab) ist in (8.9)

$$dF_H = dF_S < 0 \ ,$$

und (8.8), (8.10) ergeben

$$-dF_S \leq \mu_0 F_S \, d\varphi$$

bzw. nach Integration (die Seilkräfte sind wieder positiv) sowie Umkehrung des Ungleichheitszeichens bei Multiplikation der Ungleichung mit (-1)

$$\ln \frac{F_{S2}}{F_{S1}} \geq -\mu_0 \alpha$$

und deshalb

$$F_{S2} \geq F_{S1} e^{-\mu_0 \alpha} \; . \tag{8.13}$$

Bei Übergang zur Gleitreibung ist in (8.12), (8.13) der Haftreibungskoeffizient μ_0 durch den Gleitreibungskoeffizient μ zu ersetzen und das Gleichheitszeichen zu benutzen. Es gelten dann

$$F_{S2} = F_{S1} e^{\mu \alpha} \tag{8.14}$$

für eine Relativgeschwindigkeit des Seiles im Richtungssinn von F_{S2} und

$$F_{S2} = F_{S1} e^{-\mu \alpha} \tag{8.15}$$

für eine Relativgeschwindigkeit des Seiles im Richtungssinn von F_{S1}.
Wie schon früher diskutiert, muss der Haftreibungskoeffizient μ_0 in (8.12), (8.13) für die Berechnung der Seilkraft, mit der Haften sicher überwunden werden soll, verbleiben, während μ_0 durch den Gleitreibungskoeffizient μ zu ersetzen ist, wenn die Forderung nach sicherem Haften steht.

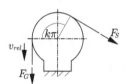

Bild 8.9. Zur Veranschaulichung der Seilgleitreibung

Abschließend kommen wir nochmals auf Bild 8.7 zurück und wandeln die Anordnung so ab, dass ein Umschlingungswinkel $\alpha = k\,\pi$ entsteht. Wir fragen nach der Kraft zum gleichmäßigen Absenken des Gewichts (Bild 8.9).
Mit $F_G = F_{S2}$ und $F_S = F_{S1}$ gilt (8.14)

$$F_G = F_S e^{\mu \alpha} = F_S e^{\mu k \pi}$$

($F_G = F_{S1}$ und $F_S = F_{S2}$ liefern mit (8.15) dasselbe). Für das Beispiel $\mu = 0{,}3$ und $k = 1$ folgt $F_G = 2{,}6\,F_S$, d.h. schon bei nur halber Umschlingung des Kreiszylinders ist die Ablasskraft deutlich kleiner als die Gewichtskraft. Durch mehrfache Umschlingung kann dieser Effekt beliebig vergrößert werden.

Beispiel 8.4
Die Trommel einer Bandbremse wird durch ein Band mit dem Umschlingungswinkel α gebremst (Bild 8.10). Zur Verstärkung der Bremskraft dient ein Hebel. Gegeben sind die Abmessungen R, l, L, α, der Gleitreibungskoeffizient μ sowie die Bremskraft F. Gesucht wird das Antriebsmoment M_a der Trommel bei gleichförmiger Drehbewegung der Trommel.

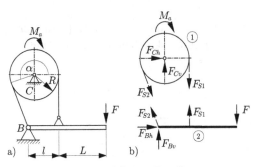

Bild 8.10. Modell einer Bandbremse

Lösung:
Nach der Befreiung des Systems von den Lagerbindungen bei B und C trennt ein Schnitt das Teilsystem ① Trommel/Band vom Teilsystem ② Hebel/Band. Die Momentengleichgewichte um C für ① und B für ② liefern

$$\widehat{C}: \quad (F_{S2} - F_{S1})R - M_a = 0 \, ,$$

$$\widehat{B}: \quad F_{S1}l - F(L+l) = 0 \, .$$

Das Reibungsgesetz lautet für die gegebene Zuordnung von Drehsinn und Bandkräften nach (8.14)

$$F_{S2} = F_{S1}e^{\mu\alpha} \, .$$

Die Auflösung der ersten Gleichung ergibt mit den beiden verbleibenden Gleichungen

$$M_a = F\frac{R}{l}(L+l)(e^{\mu\alpha} - 1) \, .$$

Der Leser überzeuge sich davon, dass bei entgegengesetztem Antriebssinn ↶
das Ergebnis

$$M = F\frac{R}{l}(L + l)(1 - e^{-\mu\alpha})$$

lautet. □

Kapitel 9

Schwerpunkt

9

9

9 Schwerpunkt

9 Schwerpunkt

Wir knüpfen an die Äquivalenzbetrachtungen des Abschnittes 2.2 an und betrachten n parallele Kräfte in vertikaler Richtung (Bild 9.1).

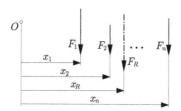

Bild 9.1. Resultierende paralleler Kräfte

Die Kontur des Körpers, an dem die Kräfte angreifen, ist für das Folgende unwichtig und wurde weggelassen. Die Kräfte zeigen nach unten, so dass sie bei Vernachlässigung der Ortsabhängigkeit der Erdschwere als Gewichte gedeutet werden können. Auch dies ist nicht wesentlich, ermöglicht aber den Bezug auf ein anschauliches Beispiel.

Zur Berechnung des Betrages der resultierenden Kraft benutzen wir (2.8) mit gewendetem Zählsinn. Dabei lassen wir, wenn kein Anlass zu Missverständnissen besteht, den Laufindex und seine Grenzen am Summenzeichen weg:

$$F_R = \sum F_i \ . \tag{9.1}$$

Die Lage der Wirkungslinie der resultierenden Kraft bezüglich des willkürlich gewählten Punktes O wird gemäß (2.9) aus

$$F_R x_R = \sum F_i x_i \tag{9.2}$$

bestimmt. Die Zusammenfassung von (9.1) und (9.2) liefert

$$x_R = \frac{\sum F_i x_i}{\sum F_i} \ . \tag{9.3}$$

Das Ergebnis für x_R hängt von der Wahl des Bezugspunktes O ab. Die mit (9.3) bestimmte Lage der Resultierenden relativ zu den Kräften, aus denen die Resultierende ermittelt wurde, ist jedoch unabhängig davon. Dies lässt sich durch Wahl eines anderen Bezugspunktes leicht zeigen.

Sind die Kräfte F_i Teilgewichte eines Körpers, so stellt die statisch äquivalente resultierende Kraft das Gesamtgewicht dar, und x_R gibt die Lage der Wirkungslinie des Gesamtgewichtes an. Eine gleich große Gegenkraft auf derselben Wirkungslinie würde das Gleichgewicht des Körpers gewährleisten.

Die obige Überlegung lässt sich auf n parallele Kräfte erweitern, die nicht in einer Ebene liegen und z.B. senkrecht auf der x, y-Ebene stehen (Bild 9.2).

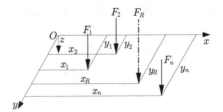

Bild 9.2. Resultierende paralleler Kräfte, die nicht in einer Ebene liegen

Die Kräfteäquivalenz liefert wieder (9.1).

$$F_R = \sum F_i \ .$$

Gemäß (6.9) haben wir jetzt zusätzlich zur schon benutzten Momentenäquivalenz bezüglich der y-Achse (9.2) eine weitere Momentenäquivalenz bezüglich der x-Achse

$$F_R y_R = \sum F_i y_i \tag{9.4}$$

zu berücksichtigen und gewinnen mit (9.1)

$$y_R = \frac{\sum F_i y_i}{\sum F_i} \ . \tag{9.5}$$

Die Koordinaten x_R, y_R legen den Punkt in der x, y-Ebene fest, durch den die Wirkungslinie von F_R parallel zur z-Achse gehen muss oder anders ausgedrückt, die Schnittlinie der durch die Gleichungen $x = x_R$, $y = y_R$ beschriebenen Ebenen definiert die Wirkungslinie von F_R.

9.1 Körperschwerpunkt

Wir betrachten jetzt einen Körper mit dem Volumen V und der Masse m im Erdbeschleunigungsfeld, das wieder ortsunabhängig angenommen wird. Die Massendichte sei dieselbe an allen Punkten des Körpers. Eine Variable mit einer solchen Eigenschaft heißt auch homogen. Das Gewicht des Körpers ist dann ebenfalls gleichmäßig über das Körpervolumen verteilt. Wir suchen den Punkt des Körpers, in dem die statisch äquivalente resultierende Kraft des Gesamtgewichtes angreift, unabhängig von der Orientierung des Körpers bezüglich der Richtung der Erdbeschleunigung g oder was dasselbe bedeutet, unabhängig von der Richtung der Erdbeschleunigung relativ zur Körperorientierung. Dieser Punkt heißt Schwerpunkt. Der Körper sei zerlegbar in Teilelemente mit den Volumina ΔV_i und den Massen Δm_i, für die die Gewichte ΔF_{Gi} einschließlich ihrer Angriffspunkte S_i mit den kartesischen Koordinaten $\bar{x}_i$, $\bar{y}_i$, $\bar{z}_i$ bekannt sind (Bild 9.3).

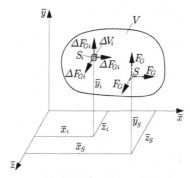

Bild 9.3. Zerlegung des orientierten Körpers in Elemente

Wir benutzen die Bezeichnungen $\bar{x}, \bar{y}, \bar{z}$, weil das Koordinatensystem x, y, z für eine Anordnung reserviert wird, bei der der Koordinatenursprung in den noch zu findenden Schwerpunkt gelegt werden soll. Die Teilgewichte haben für alle relativen Orientierungen der Erdbeschleunigung die Größe

$$\Delta F_{Gi} = g\Delta m_i \ . \tag{9.6}$$

Das Gesamtgewicht beträgt für alle relativen Orientierungen der Erdbeschleunigung

$$F_G = gm = g\sum \Delta m_i \ . \tag{9.7}$$

Gemäß (6.9) sind für drei Gruppen paralleler, jeweils in x-, y- bzw. z-Richtung orientierter Kräfte zunächst insgesamt sechs Äquivalenzgleichungen möglich:

$$F_{Ry}x_R = \sum F_{iy}x_i \ , \qquad F_{Rz}x_R = \sum F_{iz}x_i \tag{9.8}$$

$$F_{Rx}y_R = \sum F_{ix}y_i \ , \qquad F_{Rz}y_R = \sum F_{iz}y_i \tag{9.9}$$

$$F_{Ry}z_R = \sum F_{iy}z_i \ , \qquad F_{Rx}z_R = \sum F_{ix}z_i \ . \tag{9.10}$$

Für die vorliegende Situation gelten mit (9.6), (9.7) die Spezialisierungen

$$F_{ix} = F_{iy} = F_{iz} = \Delta F_{Gi} = g\Delta m_i \ , \qquad F_{Rx} = F_{Ry} = F_{Rz} = F_G = gm$$

und Bezeichnungen

$$x_i = \bar{x}_i, \quad y_i = \bar{y}_i, \quad z_i = \bar{z}_i, \quad x_R = \bar{x}_S, \quad y_R = \bar{y}_S, \quad z_R = \bar{z}_S \,,$$

so dass sich die Gleichungspaare (9.8), (9.9), (9.10) auf

$$\bar{x}_S = \frac{\sum \bar{x}_i \Delta m_i}{m}, \quad \bar{y}_S = \frac{\sum \bar{y}_i \Delta m_i}{m}, \quad \bar{z}_S = \frac{\sum \bar{z}_i \Delta m_i}{m} \quad (9.11)$$

reduzieren. Die durch (9.11) gegebenen Ebenen $\bar{x} = \bar{x}_S$, $\bar{y} = \bar{y}_S$ und $\bar{z} = \bar{z}_S$ enthalten jeweils das entsprechende Paar aufeinander senkrechter Wirkungslinien zu (9.8), (9.9) und (9.10). Der Schnittpunkt dieser Ebenen ergibt die Koordinaten $\bar{x}_S$, $\bar{y}_S$, $\bar{z}_S$ des Körperschwerpunktes (Bild 9.3). Diese Koordinaten enthalten nicht mehr die Erdbeschleunigung und fallen deshalb mit den Koordinaten des sogenannten Massenmittelpunktes zusammen. Die Begriffe Schwerpunkt und Massenmittelpunkt werden unter dieser Bedingung, die auch bei uns gilt, als Synonyme gebraucht.

Wie schon erwähnt, beruht (9.11) auf der Kenntnis der Gesamtmasse m, der Teilmassen Δm_i und der Schwerpunktskoordinaten $\bar{x}_i$, $\bar{y}_i$, $\bar{z}_i$ der Teilmassen Δm_i. Ist dieses Wissen nicht vorhanden und darüberhinaus die Dichte ρ ungleichmäßig über den Körper verteilt, so werden die zu den Teilmassen Δm_i gehörenden Teilvolumina ΔV_i des Gesamtvolumens V auf solche Weise verkleinert, dass ihre maximale Abmessung D gegen null geht und gleichzeitig ihre Anzahl n nach unendlich strebt. Wir benutzen außerdem den Begriff der Funktion f von mehreren unabhängigen Variablen $\bar{x}, \bar{y}, \bar{z}$. Analog zur Funktion von einer unabhängigen Variablen erzeugt die Funktion von mehreren unabhängigen Variablen gemäß der Vorschrift $w = f(\bar{x}, \bar{y}, \bar{z})$ eindeutig eine Zahl w innerhalb ihres Wertbereiches, wenn $\bar{x}, \bar{y}, \bar{z}$ gegebene Werte innerhalb ihres Definitionsbereiches (statt eines Intervalls jetzt ein Volumen) annehmen. Mit diesen Voraussetzungen ergeben die entstehenden unendlichen Summen des Typs

$$\lim_{\substack{D \to 0 \\ n \to \infty}} \sum_{i=1}^{n} f(\bar{x}_i, \bar{y}_i, \bar{z}_i) \Delta V_i = \int_V f(\bar{x}, \bar{y}, \bar{z}) dV \quad (9.12)$$

das rechts stehende sogenannte Volumenintegral mit dem Volumendifferential $dV = d\bar{x} d\bar{y} d\bar{z}$. Dabei liegt der Punkt $(\bar{x}_i, \bar{y}_i, \bar{z}_i)$ im Inneren oder auf dem Rand von ΔV_i, und $f(\bar{x}_i, \bar{y}_i, \bar{z}_i)$ hat den an diesem Punkt berechneten Wert, der für das gesamte Teilvolumen ΔV_i gilt. Zur Berechnung des Volumenintegrals sind nacheinander in beliebiger Reihenfolge drei bestimmte Integrationen auszuführen. Bei Verwendung kartesischer Koordinaten gemäß Bild 9.3 können z.B. zunächst die mit dem Funktionswert $f(\bar{x}, \bar{y}, \bar{z})$ multiplizierten Volumendifferentiale dV in der $\bar{y}$-Richtung, das erhaltene Zwischenergebnis in $\bar{x}$-Richtung und das zweite Zwischenergebnis schließlich in $\bar{z}$-Richtung aufintegriert werden.

Für die Gesamtmasse des Körpers ergibt sich bei veränderlicher Dichte $\rho(\bar{x}, \bar{y}, \bar{z})$ mit der Definition (9.12)

$$m = \int_V \rho(\bar{x}, \ \bar{y}, \ \bar{z})dV \ . \tag{9.13}$$

Anstelle von (9.11) entsteht

$$\bar{x}_S = \frac{1}{m} \int_V \bar{x}\rho(\bar{x}, \ \bar{y}, \ \bar{z})dV,$$

$$\bar{y}_S = \frac{1}{m} \int_V \bar{y}\rho(\bar{x}, \ \bar{y}, \ \bar{z})dV, \tag{9.14}$$

$$\bar{z}_S = \frac{1}{m} \int_V \bar{z}\rho(\bar{x}, \ \bar{y}, \ \bar{z})dV \ .$$

Eine homogene Dichte ρ=konst. fällt aus (9.14) heraus

$$\bar{x}_S = \frac{1}{V} \int_V \bar{x}dV \ , \quad \bar{y}_S = \frac{1}{V} \int_V \bar{y}dV \ , \quad \bar{z}_S = \frac{1}{V} \int_V \bar{z}dV \ , \tag{9.15}$$

so dass sich die Koordinaten des Volumenschwerpunktes ergeben, die dann mit den Koordinaten des Körperschwerpunktes bzw. Massenmittelpunktes übereinstimmen.

Der Massenmittelpunkt hat große Bedeutung bei der Lösung von Problemen der Starrkörperkinetik. Der Schwerpunkt ebener Flächen ist wichtig für die Biegetheorie der Balken in der Festigkeitslehre.

9.2 Flächenschwerpunkt

9.2

Gegeben sei eine Fläche mit dem Inhalt A, die in der $\bar{x}, \bar{y}$-Ebene liegt (Bild 9.4). Gesucht wird der Schwerpunkt dieser Fläche (auch Flächenschwerpunkt).

Ein anschaulicher Zugang zum Flächenschwerpunkt folgt wieder aus zwei Momentenäquivalenzen um die $\bar{x}$- bzw. $\bar{y}$-Achse für alle Teilflächen-„Gewichte" $\Delta A_i = \Delta\bar{x}_i\Delta\bar{y}_i$ in z-Richtung. Dabei werden die Dichte (Masse pro Fläche) und die Erdbeschleunigung durch die Größe Eins ersetzt. Dies ergibt analog

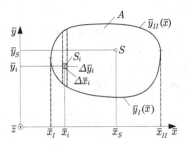

Bild 9.4. Zur Definition des Flächenschwerpunktes

zu (9.7), (9.11)

$$A = \sum \Delta A_i \,, \quad \bar{x}_S = \frac{1}{A} \sum \bar{x}_i \Delta A_i \,, \quad \bar{y}_S = \frac{1}{A} \sum \bar{y}_i \Delta A_i \,. \quad (9.16)$$

Die n Teilflächen ΔA_i und die Lage der n Teilflächenschwerpunkte S_i müssen bekannt sein. Andernfalls wird analog zu (9.12) ein Grenzwert gebildet, bei dem die maximale Abmessung der Flächenelemente D gegen null und ihre Anzahl nach unendlich geht. Die Entsprechung zu (9.12) lautet dann für eine zunächst noch beliebige Funktion $f(\bar{x}, \bar{y})$

$$\lim_{\substack{D \to 0 \\ n \to \infty}} \sum_{i=1}^{n} f(\bar{x}_i, \bar{y}_i) \Delta A_i = \int_A f(\bar{x}, \bar{y}) dA \,, \quad (9.17)$$

wo die rechte Seite ein sogenanntes Flächenintegral mit dem Flächendifferential oder -element dA darstellt. Damit werden die anstelle der endlichen Summen in (9.16) zu benutzenden unendlichen Summen zu Flächenintegralen, und es entsteht mit den nacheinander angewendeten Spezialisierungen $f(\bar{x}, \bar{y}) = 1$, $f(\bar{x}, \bar{y}) = \bar{x}$ und $f(\bar{x}, \bar{y}) = \bar{y}$ in (9.17)

$$A = \int_A dA \,, \quad (9.18)$$

$$\bar{x}_S = \frac{1}{A} \int_A \bar{x} dA \,, \quad \bar{y}_S = \frac{1}{A} \int_A \bar{y} dA \,. \quad (9.19)$$

Die Ausdrücke

$$\bar{x}_s A = \sum \bar{x}_i \Delta A_i \,, \quad \bar{y}_s A = \sum \bar{y}_i \Delta A_i$$

in (9.16) und

$$\bar{x}_s A = \int_A \bar{x} dA \, , \qquad \bar{y}_s A = \int_A \bar{y} dA$$

in (9.19) werden in Anlehnung an ihre Herkunft (9.2) als statische Momente der Fläche A bezüglich der Achse, von der die Abstände $\bar{x}_i$ oder $\bar{x}$ bzw. $\bar{y}_i$ oder $\bar{y}$ zum Flächenelement ΔA_i oder dA gemessen werden, bezeichnet. Wegen der ersten Potenz dieser Abstände unter der Summe bzw. dem Integral heißen die statischen Momente auch Flächenmomente erster Ordnung. Sie haben wie der Flächenschwerpunkt eine fundamentale Bedeutung für die später zu behandelnde Biegetheorie der Balken.

Die Berechnung der Flächenintegrale in (9.18), (9.19) erfordert zwei bestimmte Integrationen beliebiger Reihenfolge innerhalb der Flächenberandung. Bei Verwendung kartesischer Koordinaten gemäß Bild 9.4 ist z.B. folgende Variante möglich

$$A = \int_{\bar{x}_I}^{\bar{x}_{II}} \left(\int_{\bar{y}_I(\bar{x})}^{\bar{y}_{II}(\bar{x})} d\bar{y} \right) d\bar{x} = \int_{\bar{x}_I}^{\bar{x}_{II}} \left[\bar{y}_{II}(\bar{x}) - \bar{y}_I(\bar{x}) \right] d\bar{x} \, , \quad (9.20)$$

$$\bar{x}_S = \frac{1}{A} \int_{\bar{x}_I}^{\bar{x}_{II}} \left(\int_{\bar{y}_I(\bar{x})}^{\bar{y}_{II}(\bar{x})} \bar{x} d\bar{y} \right) d\bar{x} = \frac{1}{A} \int_{\bar{x}_I}^{\bar{x}_{II}} \bar{x} \left[\bar{y}_{II}(\bar{x}) - \bar{y}_I(\bar{x}) \right] d\bar{x} \, , \quad (9.21)$$

$$\bar{y}_S = \frac{1}{A} \int_{\bar{x}_I}^{\bar{x}_{II}} \left(\int_{\bar{y}_I(\bar{x})}^{\bar{y}_{II}(\bar{x})} \bar{y} d\bar{y} \right) d\bar{x} = \frac{1}{2A} \int_{\bar{x}_I}^{\bar{x}_{II}} \left\{ \left[\bar{y}_{II}(\bar{x}) \right]^2 - \left[\bar{y}_I(\bar{x}) \right]^2 \right\} d\bar{x} \, . \quad (9.22)$$

Die Berandungsteile müssen dabei durch die Funktionen $y_I(\bar{x})$, $y_{II}(\bar{x})$ eindeutig beschreibbar sein. Sonst ist die Gesamtfläche zweckentsprechend zu zerlegen und das Integral über die Gesamtfläche als Summe der Integrale über Teilflächen zu bilden.

Die in der Definition (9.17) enthaltene Summation bzw. die für gewöhnliche bestimmte Integrale geltenden, hier sinngemäß anwendbaren Rechenregeln führen noch zu den folgenden nützlichen Formeln:

$$\int_{A_1} f(\bar{x},\bar{y}) dA + \int_{A_2} f(\bar{x},\bar{y}) dA = \int_{A_1+A_2} f(\bar{x},\bar{y}) dA \quad (9.23)$$

(A_1 und A_2 überlappen sich nicht),

$$\int_A \left[f_1(\bar{x}, \bar{y}) + f_2(\bar{x}, \bar{y}) \right] dA = \int_A f_1(\bar{x}, \bar{y}) dA + \int_A f_2(\bar{x}, \bar{y}) dA \; . \quad (9.24)$$

Die folgenden zwei Beispiele sollen die Bestimmung des Schwerpunktes mit Hilfe der Flächenintegrale in (9.18), (9.19) demonstrieren.

Beispiel 9.1
Gegeben ist ein rechtwinkliges Dreieck mit der Basislänge b und der Höhe h (Bild 9.5). Gesucht sind die Schwerpunktkoordinaten $\bar{x}_S$, $\bar{y}_S$.

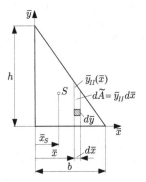

Bild 9.5. Zur Schwerpunktberechnung beim rechtwinkligen Dreieck

Lösung:
Die Dreiecksfläche wird in Streifen der Breite $d\bar{x}$ und der Höhe $\bar{y}_{II}(\bar{x})$ zerlegt. Bild 9.5 enthält mit der Streifenbreite $d\bar{x}$ bereits den Grenzübergang, für den der Unterschied zwischen linker und rechter Streifenhöhe verschwindet. Die Höhe $\bar{y}_{II}(\bar{x})$ beträgt gemäß Strahlensatz

$$\bar{y}_{II}(\bar{x}) = h - \frac{h}{b}\bar{x} \; .$$

An der Dreiecksbasis ist

$$\bar{y}_I(\bar{x}) = 0 \; .$$

Die linke und rechte Intervallgrenze für $\bar{x}$ sind

$$\bar{x}_I = 0 \; , \qquad \bar{x}_{II} = b \; .$$

Die Auswertung von (9.20) führt über den auch aus Bild 9.5 ablesbaren Zwischenschritt

$$A = \int\limits_0^b \left(\int\limits_0^{\bar{y}_{II}(\bar{x})} d\bar{y} \right) d\bar{x} = \int\limits_0^b \left(\bar{y} \Big|_0^{\bar{y}_{II}(\bar{x})} \right) d\bar{x} = \int\limits_0^b \left(h - \frac{h}{b}\bar{x} \right) d\bar{x}$$

nach Lösen des unbestimmten Integrals auf

$$A = \left(h\bar{x} - \frac{h}{b}\frac{\bar{x}^2}{2} \right) \Big|_0^b = \frac{1}{2}hb \ ,$$

ein aus der Dreieckslehre bekanntes Ergebnis.
Die Gleichung (9.21) ergibt

$$\bar{x}_S A = \int\limits_0^b \left(\int\limits_0^{\bar{y}_{II}(\bar{x})} \bar{x} d\bar{y} \right) d\bar{x} = \int\limits_0^b \bar{x} \underbrace{\bar{y}_{II}(\bar{x}) d\bar{x}}_{d\tilde{A}} = \int\limits_0^b \bar{x}(h - \frac{h}{b}\bar{x}) d\bar{x}$$

$$= \left(h\frac{\bar{x}^2}{2} - \frac{h}{b}\frac{\bar{x}^3}{3} \right) \Big|_0^b = \frac{hb^2}{6}$$

und damit

$$\bar{x}_S = \frac{1}{A} \int\limits_A \bar{x} dA = \frac{hb^2}{6}\frac{2}{hb} = \frac{b}{3} \ .$$

Man sieht mit Bild 9.5, dass für das streifenförmige Flächenelement $d\tilde{A}$ in $\bar{y}$-Richtung überall $\bar{x}=$ konst. gilt und die Verwendung von $d\tilde{A}$ deshalb auch sofort die Bildung eines bestimmten Integrals erlaubt.

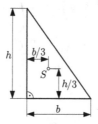

Bild 9.6. Schwerpunkt des rechtwinkliges Dreiecks

Aus der Vertauschung der willkürlich gewählten Bezeichnungen b und h folgt noch ohne Rechnung

$$\bar{y}_S = \frac{h}{3} \ .$$

Man merke sich die Lage des Schwerpunktes beim rechtwinkligen Dreieck entsprechend Bild 9.6.   □

Beispiel 9.2

Für eine Halbkreisfläche vom Radius R (Bild 9.7) sind die Schwerpunktkoordinaten gesucht.

Lösung:

Das statische Moment bezüglich einer Querschnittssymmetrieachse verschwindet, d.h. es gilt

$$\bar{x}_S = 0 \ .$$

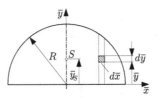

Bild 9.7. Schwerpunkt der Halbkreisfläche

Der halbkreisförmige Rand wird durch

$$\bar{y}_{II}(\bar{x}) = \sqrt{R^2 - \bar{x}^2}$$

beschrieben. Mit der Gleichung (9.22) ergibt sich unter Ausnutzung der Symmetrie

$$\bar{y}_S A = 2 \int\limits_0^R \left(\int\limits_0^{\bar{y}_{II}} \bar{y}d\bar{y} \right) d\bar{x} = \int\limits_0^R \bar{y}_{II}^2(\bar{x})d\bar{x} = \int\limits_0^R (R^2 - \bar{x}^2)d\bar{x}$$

$$\bar{y}_S A = \left(R^2\bar{x} - \frac{\bar{x}^3}{3} \right)\Bigg|_0^R = \frac{2R^3}{3} \ ,$$

und wegen

$$A = \frac{1}{2}\pi R^2$$

$$\bar{y}_S = \frac{2R^3}{3}\frac{2}{\pi R^2} = \frac{4R}{3\pi} \ .$$

□

Das Ergebnis von Beispiel 9.2 lässt sich auch auf den Viertelkreis anwenden (Bild 9.8).

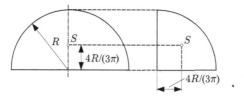

Bild 9.8. Schwerpunktlagen von Halb- und Viertelkreis

Die Lösung der künftig betrachteten Probleme kommt mit den Formeln (9.16) für zusammengesetzte Flächen bei Kenntnis der Teilflächen und Teilflächenschwerpunktlagen aus. Dies wird im Folgenden demonstriert.

Beispiel 9.3
Gegeben ist eine zusammengesetzte Fläche, bestehend aus drei Teilflächen mit bekannten Schwerpunktlagen (Bild 9.9).

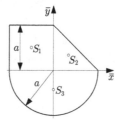

Bild 9.9. Zur Schwerpunktberechnung einer zusammengesetzten Fläche

Lösung:
Gemäß (9.16) ist mit der Bezeichnungsänderung $\Delta A_i = A_i$

$$A = \sum_{i=1}^{3} A_i = a^2\left(1 + \frac{1}{2} + \frac{\pi}{2}\right) = \frac{a^2}{2}(3 + \pi) \ ,$$

$$\bar{x}_S A = \sum_{i=1}^{3} \bar{x}_i A_i = a^3\left(-\frac{1}{2}\cdot 1 + \frac{1}{3}\cdot\frac{1}{2} + 0\cdot\frac{\pi}{2}\right) = -\frac{1}{3}a^3 \ ,$$

wo die ersten Faktoren in den Summanden der Klammer die horizontalen Schwerpunktabstände der Teilflächen anzeigen. Damit ergibt sich

$$\bar{x}_S = -\frac{a^3}{3}\frac{2}{a^2(3 + \pi)} = -\frac{2a}{3(3 + \pi)} \ ,$$

und weiter

$$\bar{y}_S A = \sum_{i=1}^{3} \bar{y}_i A_i = a^3 \left(\frac{1}{2} \cdot 1 + \frac{1}{3} \cdot \frac{1}{2} - \frac{4}{3\pi} \frac{\pi}{2} \right) = 0 \ ,$$

$$\bar{y}_S = 0 \ .$$

$\square$

Beispiel 9.4

Gegeben ist ein Vollkreis vom Radius R mit einem Loch vom Radius $R/2$ (Bild 9.10). Gesucht sind die Schwerpunktkoordinaten der zusammengesetzten Fläche.

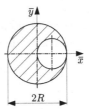

Bild 9.10. Zur Schwerpunktberechnung einer zusammengesetzten Fläche

Lösung:
Aus (9.16) folgt

$$A = \sum_{i=1}^{2} A_i = \pi R^2 (1 - \frac{1}{4}) = \frac{3}{4} \pi R^2 \ ,$$

$$\bar{x}_S A = \sum_{i=1}^{2} \bar{x}_i A_i = \pi R^3 \left[0 \cdot 1 + \frac{1}{2}(-\frac{1}{4}) \right] = -\frac{1}{8} \pi R^3 \ ,$$

wo das Minuszeichen in der runden Klammer das Fehlen der kleinen Kreisfläche anzeigt, und damit

$$\bar{x}_S = -\frac{\pi R^3}{8} \frac{4}{3\pi R^2} = -\frac{R}{6} \ .$$

Wegen Symmetrie ist $\bar{y}_S = 0$.

$\square$

9.3 Linienschwerpunkt

Die Schwerpunktkoordinaten ebener Linien können nach Bild 9.11 und analog zu (9.18), (9.19) definiert werden als:

$$L = \int_L ds \ , \tag{9.25}$$

$$\bar{x}_S = \frac{1}{L} \int_L \bar{x} ds \ , \qquad \bar{y}_S = \frac{1}{L} \int_L \bar{y} ds \ . \tag{9.26}$$

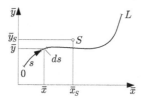

Bild 9.11. Zur Definition des Linienschwerpunktes

Die bestimmten Integrale sind längs der Kurve $0 \leq s \leq L$ zu berechnen. Im Fall von Linienzügen mit n abschnittsweise bekannten Längen und Schwerpunktkoordinaten gilt ähnlich wie in (9.16)

$$L = \sum_{i=1}^{n} \Delta L_i \ , \quad \bar{x}_S = \frac{1}{L} \sum_{i=1}^{n} \bar{x}_i \Delta L_i \ , \quad \bar{y}_S = \frac{1}{L} \sum_{i=1}^{n} \bar{y}_i \Delta L_i \ . \tag{9.27}$$

Die Ermittlung des Linienschwerpunktes soll nur an einer zusammengesetzten Linie mit bekannten Längen und Schwerpunktlagen der Teillinien demonstriert werden.

Beispiel 9.5
Für einen U-förmigen Linienzug (Bild 9.12) sind die Schwerpunktkoordinaten gesucht.

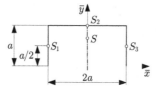

Bild 9.12. Schwerpunkt einer zusammengesetzten Linie

Lösung:
Wegen Symmetrie ist $\bar{x}_S = 0$. Die Länge der Linie ergibt sich zu $L = 4a$. Aus

(9.27) folgt

$$\bar{y}_S L = a^2 (\frac{1}{2} \cdot 1 \cdot 2 + 1 \cdot 2) = 3a^2$$

bzw.

$$\bar{y}_S = \frac{3a^2}{4a} = \frac{3}{4}a \ .$$

In einem technischen Anwendungsfall kann der Linienzug von Bild 9.12 den extra zu fertigenden Ausschnitt am Rand eines Blechteils begrenzen. Dann muss die Stanzkraft im Schwerpunkt dieses Linienzuges angreifen, damit das Stanzwerkzeug nicht verkantet. $\qquad\square$

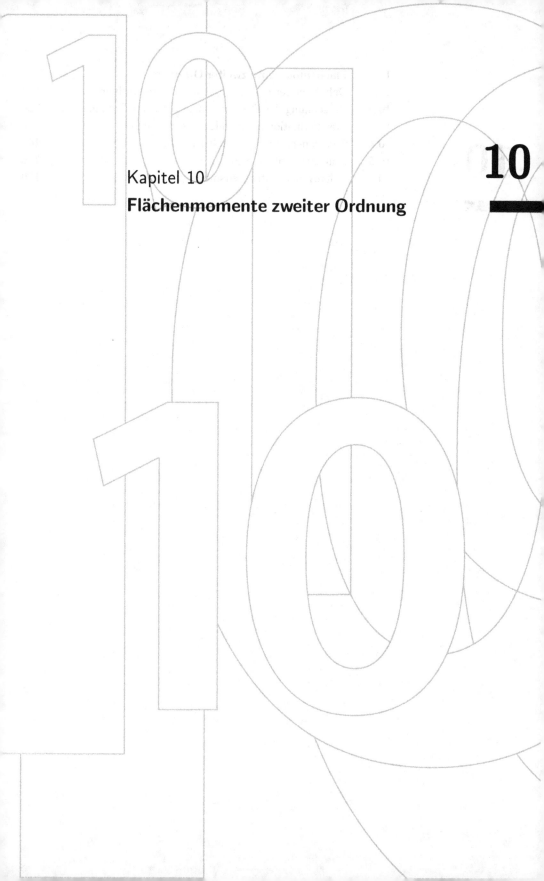

Kapitel 10

Flächenmomente zweiter Ordnung

10

10   **Flächenmomente zweiter Ordnung**

10

10 Flächenmomente zweiter Ordnung

Für die später zu entwickelnde Biegetheorie der Balken werden neben den schon erwähnten Flächenmomenten erster Ordnung noch Flächenmomente zweiter Ordnung benötigt, deren Erörterung zweckmäßig bereits hier erfolgt.

10.1 Definition der Flächenmomente zweiter Ordnung

Die für die folgenden Definitionen erforderlichen Bezeichnungen sind in Bild 10.1 angegeben. Das Flächenelement dA besitzt den Abstand $\bar{y}$ zur $\bar{x}$-Achse bzw. den Abstand $\bar{x}$ zur $\bar{y}$-Achse eines willkürlich gewählten kartesischen Koordinatensystems. Im Schwerpunkt S der Fläche A befindet sich der Ursprung des kartesischen Koordinatensystems x, y, wobei die Koordinatenachsen $\bar{x}$ und x bzw. $\bar{y}$ und y parallel zueinander sind.

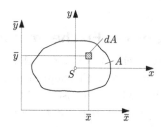

Bild 10.1. Zur Definition der Flächenmomente zweiter Ordnung

Unter Berücksichtigung der Funktion von zwei Veränderlichen $f(\bar{x}, \bar{y})$ und des Flächenintegrals (9.17) lauten die Definitionen der Flächenmomente zweiter Ordnung bezüglich des $\bar{x}, \bar{y}$-Systems:

$$I_{\bar{x}\bar{x}} = \int_A \bar{y}^2 dA \,, \qquad I_{\bar{y}\bar{y}} = \int_A \bar{x}^2 dA \,, \tag{10.1}$$

$$I_{\bar{x}\bar{y}} = - \int_A \bar{x}\bar{y} dA \,. \tag{10.2}$$

Die zweite Ordnung der Flächenmomente (10.1), (10.2) kommt in dem Integranden $f(\bar{x}, \bar{y})$ zum Ausdruck, der hier die Form $\bar{y}^2$, $\bar{x}^2$ oder $\bar{x}\bar{y}$ annimmt. Die Größen $I_{\bar{x}\bar{x}}$ bzw. $I_{\bar{y}\bar{y}}$ heißen axiale Flächenträgheitsmomente oder einfach Flächenträgheitsmomente bezüglich der indizierten Achsen $\bar{x}$ bzw. $\bar{y}$, während $I_{\bar{x}\bar{y}}$ als Deviations- bzw. Zentrifugalmoment bezeichnet wird. Wie aus (10.1), (10.2) ersichtlich, haben die Flächenmomente zweiter Ordnung die Dimension (Länge)^4.

Des Weiteren können die Flächenmomente zweiter Ordnung auch bezüglich des Schwerpunktkoordinatensystems x, y angegeben werden. Sie lauten dann entsprechend der Form (10.1), (10.2)

$$I_{xx} = \int\limits_A y^2 dA \ , \qquad I_{yy} = \int\limits_A x^2 dA \ , \tag{10.3}$$

$$I_{xy} = -\int\limits_A xy \ dA \ . \tag{10.4}$$

Die axialen Flächenträgheitsmomente sind wegen $dA, \bar{x}^2, \bar{y}^2, x^2, y^2 > 0$ immer positiv. Dagegen führt in den Formeln (10.2) bzw. (10.4) der Ausdruck $(-\bar{x}\bar{y})$ bzw. $(-xy)$ im ersten und dritten Quadranten zu negativen Deviationsmomenten.

10.2　Berechnung der Flächenmomente zweiter Ordnung

Alle Flächenmomente zweiter Ordnung (10.1), (10.2) (und entsprechend auch (10.3), (10.4)) sind durch ein Flächenintegral gemäß (9.17) gegeben und können deshalb ähnlich wie die statischen Momente in (9.21), (9.22) berechnet werden, wobei jetzt der Integrand $f(\bar{x}, \bar{y})$ in (9.17) gemäß (10.1), (10.2) durch $\bar{y}^2, \bar{x}^2$ bzw. $-\bar{x}\bar{y}$ zu ersetzen ist. Dabei wird allerdings zur Vereinfachung der Rechnung die Integrationsreihenfolge für (10.1) so gewählt, dass die Integranden $\bar{y}^2$ bzw. $\bar{x}^2$ bei der ersten Integration jeweils konstant sind (Bild 10.2a bzw. 10.2b).

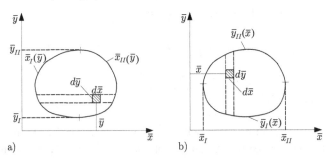

Bild 10.2. Verschiedene Integrationsreihenfolgen: a) zuerst über $\bar{x}$, b) zuerst über $\bar{y}$

Gemäß Bild 10.2a entsteht

$$I_{\bar{x}\bar{x}} = \int\limits_A \bar{y}^2 dA = \int\limits_{\bar{y}_I}^{\bar{y}_{II}} \left(\int\limits_{\bar{x}_I(\bar{y})}^{\bar{x}_{II}(\bar{y})} \bar{y}^2 d\bar{x} \right) d\bar{y} = \int\limits_{\bar{y}_I}^{\bar{y}_{II}} \bar{y}^2 [\bar{x}_{II}(\bar{y}) - \bar{x}_I(\bar{y})] d\bar{y} \tag{10.5}$$

und gemäß Bild 10.2b

$$I_{\bar{y}\bar{y}} = \int\limits_A \bar{x}^2 dA = \int\limits_{\bar{x}_I}^{\bar{x}_{II}} \left(\int\limits_{\bar{y}_I(\bar{x})}^{\bar{y}_{II}(\bar{x})} \bar{x}^2 d\bar{y} \right) d\bar{x} = \int\limits_{\bar{x}_I}^{\bar{x}_{II}} \bar{x}^2 [\bar{y}_{II}(\bar{x}) - \bar{y}_I(\bar{x})] d\bar{x} \ . \quad (10.6)$$

Für $I_{\bar{x}\bar{y}}$ gibt es im Allgemeinen keine Vorzugsreihenfolge der Integrationen. Ein möglicher Rechenablauf ist

$$I_{\bar{x}\bar{y}} = - \int\limits_A \bar{x}\bar{y} dA = - \int\limits_{\bar{x}_I}^{\bar{x}_{II}} \left(\int\limits_{\bar{y}_I(\bar{x})}^{\bar{y}_{II}(\bar{x})} \bar{x}\bar{y} d\bar{y} \right) d\bar{x}$$

$$= -\frac{1}{2} \int\limits_{\bar{x}_I}^{\bar{x}_{II}} \bar{x} \left\{ [\bar{y}_{II}(\bar{x})]^2 - [\bar{y}_I(\bar{x})]^2 \right\} d\bar{x} \ . \quad (10.7)$$

Im Folgenden werden einige Beispiele betrachtet.

Beispiel 10.1
Für das Rechteck mit der Grundseite b und der Höhe h nach Bild 10.3 sind die Flächenmomente zweiter Ordnung bezüglich der Koordinatenachsen $\bar{x}, \bar{y}$ zu berechnen.

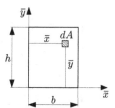

Bild 10.3. Zu den Flächenmomenten zweiter Ordnung des Rechtecks

Lösung:
Entsprechend Bild 10.3 gilt für (10.5)

$$\bar{x}_I(\bar{y}) = 0 \ , \quad \bar{x}_{II}(\bar{y}) = b \ , \quad \bar{y}_I = 0 \ , \quad \bar{y}_{II} = h \ ,$$

so dass sich

$$I_{\bar{x}\bar{x}} = \int\limits_0^h \bar{y}^2 b \, d\bar{y} = \frac{b}{3} \bar{y}^3 \Big|_0^h = \frac{bh^3}{3} \quad (10.8)$$

ergibt.

Die Auswertung von (10.6) liefert mit

$$\bar{y}_I(\bar{x}) = 0 \ , \quad \bar{y}_{II}(\bar{x}) = h \ , \quad \bar{x}_I = 0 \ , \quad \bar{x}_{II} = b$$

$$I_{\bar{y}\bar{y}} = \int\limits_0^b \bar{x}^2 h d\bar{x} = \frac{h}{3}\bar{x}^3\Big|_0^b = \frac{hb^3}{3} \ , \tag{10.9}$$

ein Ergebnis, das man durch Vertauschung der willkürlich gewählten Bezeichnungen für b und h auch aus $I_{\bar{x}\bar{x}}$ gewinnt.

Mit (10.7) ergibt sich

$$I_{\bar{x}\bar{y}} = -\frac{1}{2}\int\limits_0^b \bar{x}h^2 d\bar{x} = -\frac{h^2}{2}\frac{\bar{x}^2}{2}\Big|_0^b = -\frac{b^2h^2}{4} \ . \tag{10.10}$$

$\square$

Beispiel 10.2

Für das Rechteck des Beispiels 10.1 werden die Flächenmomente zweiter Ordnung bezüglich der Schwerpunktachsen x, y gesucht (Bild 10.4).

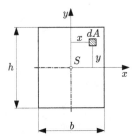

Bild 10.4. Zu den Flächenmomenten zweiter Ordnung des Rechtecks

Lösung:

Nach Bild 10.4 ist für (10.5) mit x anstelle $\bar{x}$ und y anstelle $\bar{y}$

$$x_I(y) = -\frac{b}{2} \ , \quad x_{II}(y) = \frac{b}{2} \ , \quad y_I = -\frac{h}{2} \ , \quad y_{II} = \frac{h}{2} \ ,$$

so dass

$$I_{xx} = \int\limits_{-\frac{h}{2}}^{\frac{h}{2}} y^2 b\,dy = \frac{b}{3}y^3\Big|_{-\frac{h}{2}}^{\frac{h}{2}} = \frac{bh^3}{12} \tag{10.11}$$

und durch Vertauschung der Bezeichnungen b und h

$$I_{yy} = \frac{hb^3}{12} \tag{10.12}$$

folgen. Weiter ergibt sich aus (10.7)

$$I_{xy} = -\frac{1}{2} \int\limits_{-\frac{b}{2}}^{\frac{b}{2}} x[(\frac{h}{2})^2 - (-\frac{h}{2})^2]dx = 0 \ . \tag{10.13}$$

$\square$

Das letzte Ergebnis war zu erwarten, da bereits für einen einfach symmetrischen Querschnitt mit einer Koordinatenachse als Symmetrieachse einer der beiden Faktoren des Produktes xy zwei entgegengesetzt gleich große Beiträge liefert, die sich aufheben. Es sei schon hier vermerkt, dass Koordinatenachsen, für die das Deviationsmoment verschwindet, als Hauptachsen bezeichnet werden. Symmetrieachsen einer Fläche sind also immer Hauptachsen.

Beispiel 10.3

Ein Viertelkreissektor mit dem Radius R liegt mit seinen geraden Seiten auf den Achsen $\bar{x}, \bar{y}$ eines kartesischen Koordinatensystems (Bild 10.5). Gesucht sind die Flächenmomente zweiter Ordnung bezüglich des $\bar{x}, \bar{y}$-Systems.

Bild 10.5. Zu den Flächenmomenten zweiter Ordnung des Viertelkreissektors

Lösung:
Wir benutzen (10.6) und (10.7) mit

$$\bar{y}_I(\bar{x}) = 0 \ , \quad \bar{y}_{II}(\bar{x}) = \sqrt{R^2 - \bar{x}^2} \ , \quad \bar{x}_I = 0 \ , \quad \bar{x}_{II} = R$$

und erhalten zunächst

$$I_{\bar{y}\bar{y}} = \int\limits_{0}^{R} \bar{x}^2 \sqrt{R^2 - \bar{x}^2}\, d\bar{x} = -\frac{\bar{x}}{4}\sqrt{(R^2 - \bar{x}^2)^3}$$

$$+ \frac{R^2}{8}\left[\bar{x}\sqrt{R^2 - \bar{x}^2} + R^2 \arcsin\frac{\bar{x}}{R}\right]\Bigg|_0^R = \frac{\pi}{16}R^4 \ . \tag{10.14}$$

Die Lösung des unbestimmten Integrals wird entweder unter Nutzung von Polarkoordinaten gewonnen oder wie hier einer Integraltabelle entnommen. Wegen der Gleichberechtigung der Achsen $\bar{x}$ und $\bar{y}$ gilt dann auch

$$I_{\bar{x}\bar{x}} = \frac{\pi}{16}R^4 \ . \tag{10.15}$$

Für das Deviationsmoment ergibt sich

$$I_{\bar{x}\bar{y}} = -\frac{1}{2}\int_0^R \bar{x}(R^2 - \bar{x}^2)d\bar{x} = -\frac{1}{2}\int_0^R (R^2\bar{x} - \bar{x}^3)d\bar{x} = -\frac{1}{2}\left(\frac{R^2}{2}\bar{x}^2 - \frac{1}{4}\bar{x}^4\right)\Big|_0^R$$

$$= -\frac{1}{8}R^4 \ . \tag{10.16}$$

Aus diesen Ergebnissen gewinnt man mit Anwendung von (9.23) auf den Vollkreis nach Bild 10.6 die Flächenträgheitsmomente für das Schwerpunktkoordinatensystem x, y.

Bild 10.6. Zu den Flächenmomenten zweiter Ordnung des Vollkreises

Eine Addition der vier axialen Flächenträgheitsmomente ergibt

$$I_{xx} = I_{yy} = 4\frac{\pi}{16}R^4 = \frac{\pi}{4}R^4 \ . \tag{10.17}$$

Bei den Deviationsmomenten des Viertelkreissektors sind die negativen Vorzeichen im ersten und dritten Quadranten zu beachten:

$$I_{xy} = \frac{R^4}{8}(-1 + 1 - 1 + 1) = 0 \ . \tag{10.18}$$

Dieses Ergebnis wurde erwartet, da x und y Symmetrie- bzw. Hauptachsen sind.   □

10.3 Transformation bei parallelen Bezugsachsen

Gewöhnlich werden in der Theorie der Balkenbiegung die Flächenmomente zweiter Ordnung bezüglich der Schwerpunktachsen benötigt. Häufig sind aber zuerst die Flächenmomente zweiter Ordnung bezüglich beliebiger kartesischer Koordinaten bekannt oder einfacher zu berechnen. Es besteht die Aufgabe, aus deren Kenntnis sowie aus den Angaben über den Inhalt und die Schwerpunktlage der Fläche die Flächenmomente zweiter Ordnung bezüglich der Schwerpunktachsen zu bestimmen. Hierzu betrachten wir Bild 10.7 und benutzen die Definitionsgleichungen (10.1), (10.2).

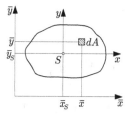

Bild 10.7. Zur Transformation der Flächenmomente zweiter Ordnung

Die Koordinatenachsen $\bar{x}, \bar{y}$ aus (10.1), (10.2) sind gemäß Bild 10.7 parallel zu den Schwerpunktachsen x, y. Der Schwerpunkt S besitzt im $\bar{x}, \bar{y}$-System die Koordinaten $\bar{x}_S, \bar{y}_S$. Damit ergeben sich die Koordinaten des Flächenelementes dA zu

$$\bar{x} = \bar{x}_S + x \,, \qquad \bar{y} = \bar{y}_S + y \,, \tag{10.19}$$

und aus (10.1) folgt mit (9.24)

$$I_{\bar{x}\bar{x}} = \int_A \bar{y}^2 dA = \int_A (\bar{y}_S + y)^2 dA = \int_A (\bar{y}_S^2 + 2\bar{y}_S y + y^2) dA$$
$$= \bar{y}_S^2 \int_A dA + 2\bar{y}_S \int_A y dA + \int_A y^2 dA \,.$$

Das statische Moment $\int_A y dA$ bezüglich der Schwerpunktachse x verschwindet gemäß (9.19) wegen $\bar{y}_S = 0$. Mit $\int_A dA = A$ und der Definition (10.3) entsteht deshalb

$$I_{\bar{x}\bar{x}} = I_{xx} + \bar{y}_S^2 A \tag{10.20}$$

und nach analoger Rechnung mit $\bar{x} = \bar{x}_S + x$ in $I_{\bar{y}\bar{y}}$ (bzw. Vertauschung der Koordinatenbezeichnungen in (10.20))

$$I_{\bar{y}\bar{y}} = I_{yy} + \bar{x}_S^2 A \,. \tag{10.21}$$

Zu bemerken ist, dass wegen $\bar{x}_S^2$, $\bar{y}_S^2$, $A > 0$ die axialen Flächenträgheitsmomente bezüglich der Schwerpunktachsen x, y immer kleiner sind als bezüglich der beliebigen Achsen $\bar{x}, \bar{y}$ außerhalb des Schwerpunktes.

Mit (10.2), (10.19) und (9.24) ergibt sich noch

$$I_{\bar{x}\bar{y}} = -\int_A \bar{x}\bar{y}dA = -\int_A (\bar{x}_S + x)(\bar{y}_S + y)dA$$

$$= -\int_A (\bar{x}_S\bar{y}_S + \bar{x}_S y + \bar{y}_S x + xy)dA$$

$$= -\bar{x}_S\bar{y}_S \int_A dA - \bar{x}_S \int_A ydA - \bar{y}_S \int_A xdA - \int_A xydA .$$

Es verschwinden wieder die statischen Momente bezüglich der Schwerpunktachsen $\int_A ydA$, $\int_A xdA$, so dass wir mit

$$\int_A dA = A , \qquad -\int_A xydA = I_{xy}$$

das Ergebnis

$$I_{\bar{x}\bar{y}} = I_{xy} - \bar{x}_S\bar{y}_S A \qquad (10.22)$$

erhalten.

Die Aussage der Formeln (10.20), (10.21), (10.22) wird auch als STEINERscher Satz bezeichnet (STEINER, 1796-1863).

Wir testen den Formelsatz mittels der Flächenmomente zweiter Ordnung des Rechtecks bezüglich der Achsen $\bar{x}, \bar{y}$ gemäß Bild 10.3 und x, y gemäß Bild 10.4. Die obigen Ergebnisse lauteten:

$$I_{\bar{x}\bar{x}} = \frac{bh^3}{3} , \quad I_{xx} = \frac{bh^3}{12} , \quad \bar{y}_S = \frac{h}{2} , \quad A = b \cdot h ,$$

$$I_{\bar{y}\bar{y}} = \frac{hb^3}{3} , \quad I_{yy} = \frac{hb^3}{12} , \quad \bar{x}_S = \frac{b}{2} , \quad I_{\bar{x}\bar{y}} = -\frac{b^2h^2}{4} , \quad I_{xy} = 0 .$$

Sie stehen im Einklang mit (10.20), (10.21), (10.22) , wie die folgende Rechnung zeigt.

$$I_{\bar{x}\bar{x}} = \frac{bh^3}{12} + (\frac{h}{2})^2 bh = \frac{bh^3}{3} ,$$

$$I_{\bar{y}\bar{y}} = \frac{hb^3}{12} + (\frac{b}{2})^2 bh = \frac{hb^3}{3} ,$$

$$I_{\bar{x}\bar{y}} = 0 - \frac{b}{2}\frac{h}{2}bh = -\frac{b^2h^2}{4} .$$

Die Anwendung des STEINERschen Satzes sei in einem weiteren Fall demonstriert.

Beispiel 10.4

Für das rechtwinklige Dreieck mit den Seitenlängen b und h nach Bild 10.8 werden die Flächenmomente zweiter Ordnung bezüglich der Schwerpunktachsen, die parallel zu den Seiten liegen, gesucht.

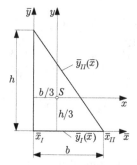

Bild 10.8. Zu den Flächenmomenten zweiter Ordnung des rechtwinkligen Dreiecks

Lösung:

Wir berechnen zunächst nach Bild 10.2b und (10.6) mit

$$\bar{x}_I = 0 \; , \quad \bar{x}_{II} = b \; , \quad \bar{y}_I(\bar{x}) = 0 \; , \quad \bar{y}_{II}(\bar{x}) = h - \frac{h}{b}\bar{x}$$

$$I_{\bar{y}\bar{y}} = \int\limits_{\bar{x}_I}^{\bar{x}_{II}} \bar{x}^2[\bar{y}_{II}(\bar{x}) - \bar{y}_I(\bar{x})]d\bar{x} = \int\limits_0^b \bar{x}^2\left(h - \frac{h}{b}\bar{x}\right)d\bar{x}$$

$$= \frac{h}{3}\bar{x}^3 - \frac{h}{4b}\bar{x}^4\bigg|_0^b = \frac{hb^3}{12} \tag{10.23}$$

und wegen der Vertauschbarkeit der willkürlich wählbaren Seitenbezeichnungen

$$I_{\bar{x}\bar{x}} = \frac{bh^3}{12} \; . \tag{10.24}$$

Aus (10.7) folgt

$$I_{\bar{x}\bar{y}} = -\frac{1}{2}\int\limits_0^b \bar{x}\left[\left(h - \frac{h}{b}\bar{x}\right)^2 - 0\right]d\bar{x} = -\frac{1}{2}\int\limits_0^b \left(h^2\bar{x} - \frac{2}{b}h^2\bar{x}^2 + \frac{h^2}{b^2}\bar{x}^3\right)d\bar{x}$$

$$= -\frac{1}{2}h^2\left(\frac{\bar{x}^2}{2} - \frac{2}{b}\frac{\bar{x}^3}{3} + \frac{1}{b^2}\frac{\bar{x}^4}{4}\right)\bigg|_0^b$$

$$= -\frac{h^2b^2}{2}\left(\frac{1}{2} - \frac{2}{3} + \frac{1}{4}\right) = -\frac{b^2h^2}{24} \; . \tag{10.25}$$

Die Transformation dieser Ergebnisse mittels des STEINERschen Satzes auf die Schwerpunktachsen x, y gemäß (10.20),..., (10.22) ergibt mit

$$\bar{x}_S = \frac{b}{3}, \quad \bar{y}_S = \frac{h}{3}, \quad A = \frac{1}{2}bh$$

$$I_{xx} = I_{\bar{x}\bar{x}} - \bar{y}_S^2 A = \frac{bh^3}{12} - (\frac{h}{3})^2 \cdot \frac{1}{2}bh = \frac{bh^3}{36}(3-2) = \frac{bh^3}{36}, \quad (10.26)$$

$$I_{yy} = I_{\bar{y}\bar{y}} - \bar{x}_S^2 A = \frac{hb^3}{12} - (\frac{b}{3})^2 \cdot \frac{1}{2}bh = \frac{hb^3}{36}(3-2) = \frac{hb^3}{36}, \quad (10.27)$$

$$I_{xy} = I_{\bar{x}\bar{y}} + \bar{x}_S\bar{y}_S A = -\frac{b^2h^2}{24} + \frac{b}{3}\frac{h}{3}\frac{1}{2}bh = \frac{b^2h^2}{72}(-3+4) = \frac{b^2h^2}{72}. \quad (10.28)$$

$\square$

Bei Kenntnis der Flächenmomente zweiter Ordnung, des Flächeninhalts und der Schwerpunktkoordinaten spezieller Flächen wie Rechteck, Kreis, rechtwinkliges Dreieck und andere ist es möglich, die Flächenmomente zweiter Ordnung solcher Flächen zu berechnen, die aus den genannten Flächen zusammengesetzt sind.

10.4 Zusammensetzung einfacher Flächen

Gemäß der Rechenregel für Flächenintegrale (9.23) sind die Flächenmomente zweiter Ordnung zusammengesetzter Flächen durch Addition der Flächenmomente zweiter Ordnung nicht überlappender Teilflächen bestimmbar, wenn alle Flächenmomente auf gleiche Koordinatenachsen bezogen sind. Für nicht bekannte Teilflächenmomente können Zwischenrechnungen auf der Basis des STEINERschen Satzes behilflich sein.

Zunächst gehen wir von bekannten Teilflächenmomenten aus.

Beispiel 10.5

Für die im Bild 10.9 dargestellte Fläche, bestehend aus einem Quadrat und einem Rechteck, sind die Flächenmomente zweiter Ordnung bezüglich der Schwerpunktachsen x, y gesucht.

Lösung:
Jede Achse des $\bar{x}, \bar{y}$-Systems wird hier so gewählt, dass auf sie gemäß Bild 10.9 von jeder Teilfläche eine Kante fällt und die Teilflächenmomente damit bekannt sind. Die Flächenmomente der Gesamtfläche bezüglich des $\bar{x}, \bar{y}$-Systems folgen dann durch Addition der Teilflächenmomente der Quadrat- und Rechteckflächen bezüglich des $\bar{x}, \bar{y}$-Systems. Mittels (10.8),...,(10.10) ergibt

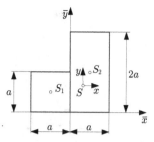

Bild 10.9. Zu den Flächenmomenten zweiter Ordnung einer zusammengesetzten Fläche

sich

$$I_{\bar{x}\bar{x}} = \frac{1}{3}a \cdot a^3 + \frac{1}{3}a(2a)^3 = 3a^4 \, ,$$

$$I_{\bar{y}\bar{y}} = \frac{1}{3}a \cdot a^3 + \frac{1}{3}2a \cdot a^3 = a^4 \, ,$$

$$I_{\bar{x}\bar{y}} = \frac{1}{4}a^2a^2 - \frac{1}{4}a^2(2a)^2 = -\frac{3}{4}a^4 \, .$$

Die Schwerpunktkoordinaten sind gemäß (9.16) und Bild 10.9

$$\bar{x}_S = \frac{1}{A}\sum_{i=1}^{2}\bar{x}_{Si}A_i = \frac{1}{3}(\frac{1}{2} \cdot 2 - \frac{1}{2} \cdot 1)a = \frac{a}{6} \, ,$$

$$\bar{y}_S = \frac{1}{A}\sum_{i=1}^{2}\bar{y}_{Si}A_i = \frac{1}{3}(1 \cdot 2 + \frac{1}{2} \cdot 1)a = \frac{5}{6}a \, .$$

Die STEINERschen Formeln (10.20),...,(10.22) liefern

$$I_{xx} = I_{\bar{x}\bar{x}} - \bar{y}_S^2 A = 3a^4 - (\frac{5}{6}a)^2 3a^2 = \frac{11}{12}a^4 \, ,$$

$$I_{yy} = I_{\bar{y}\bar{y}} - \bar{x}_S^2 A = a^4 - (\frac{a}{6})^2 3a^2 = \frac{11}{12}a^4 \, ,$$

$$I_{xy} = I_{\bar{x}\bar{y}} + \bar{x}_S\bar{y}_S A = -\frac{3}{4}a^4 + \frac{a}{6}\frac{5a}{6}3a^2 = -\frac{a^4}{3} \, .$$

(10.29)

$\square$

Beispiel 10.6

Für den Kreisringquerschnitt mit dem Innenradius R_i und dem Außenradius R_a nach Bild 10.10 sind die Flächenmomente zweiter Ordnung bezüglich der Schwerpunktachsen x, y zu bestimmen.

Lösung:

Die Anwendung des Ergebnisses (10.17) auf die Außenkreisfläche und die

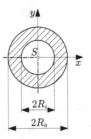

Bild 10.10. Zu den Flächenmomenten zweiter Ordnung des Kreisringes

fehlende Innenkreisfläche führt unter Beachtung der Symmetrie zu

$$I_{xx} = I_{yy} = \frac{\pi}{4}(R_a^4 - R_i^4) \,, \qquad I_{xy} = 0 \,. \tag{10.30}$$

□

Im allgemeinen Fall wird zunächst immer ein beliebiges Koordinatensystem $\bar{x}, \bar{y}$ für die Berechnung der Schwerpunktlage benötigt. Die Berechnung der Teilflächenmomente bezüglich dieses gemeinsamen Koordinatensystems, Addition der Teilflächenmomente und Transformation der Gesamtflächenmomente auf Schwerpunktkoordinaten der Gesamtfläche gestalten sich häufig übersichtlicher als die sofortige Berechnung der Teilflächenmomente bezüglich eines Schwerpunktkoordinatensystems der Gesamtfläche mit anschließender Addition. Der Rechnungsgang wird im Folgenden skizziert. Dazu betrachten wir die zusammengesetzte Fläche nach Bild 10.11, die sich in Teilflächen mit bekannten Inhalten, Schwerpunktlagen und Teilflächenmomenten bezüglich der Teilflächenschwerpunktachsen zerlegen lässt.

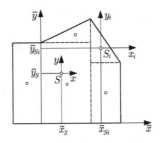

Bild 10.11. Zu den Flächenmomenten zweiter Ordnung zusammengesetzter Flächen

Nach Berechnung des Inhalts und der Schwerpunktkoordinaten $\bar{x}_S, \bar{y}_S$ der Gesamtfläche nach (9.16) sowie der Flächenmomente zweiter Ordnung der

Gesamtfläche bezüglich der Koordinaten $\bar{x}, \bar{y}$ aus

$$I_{\bar{x}\bar{x}} = \sum(I_{x_i x_i} + \bar{y}_{Si}^2 A_i) = \sum I_{x_i x_i} + \sum \bar{y}_{Si}^2 A_i \tag{10.31}$$

$$I_{\bar{y}\bar{y}} = \sum(I_{y_i y_i} + \bar{x}_{Si}^2 A_i) = \sum I_{y_i y_i} + \sum \bar{x}_{Si}^2 A_i \tag{10.32}$$

$$I_{\bar{x}\bar{y}} = \sum(I_{x_i y_i} - \bar{x}_{Si}\bar{y}_{Si} A_i) = \sum I_{x_i y_i} - \sum \bar{x}_{Si}\bar{y}_{Si} A_i \tag{10.33}$$

(an den Summenzeichen wurde wieder abkürzend der Laufindex weggelassen)
erfolgt die Transformation auf die Schwerpunktachsen der Gesamtfläche

$$I_{xx} = I_{\bar{x}\bar{x}} - \bar{y}_S^2 A , \quad I_{yy} = I_{\bar{y}\bar{y}} - \bar{x}_S^2 A , \quad I_{xy} = I_{\bar{x}\bar{y}} + \bar{x}_S\bar{y}_S A .$$

Dieser Rechenablauf lässt sich auch in ein Computerprogramm umsetzen.

10.5 Hauptträgheitsmomente
10.5

In Abschnitt 10.2 wurde bereits angemerkt, dass das Deviationsmoment verschwindet, wenn eine der Bezugsachsen mit einer Symmetrieachse der Fläche zusammenfällt. Wir suchen jetzt für unsymmetrische Flächen die Orientierung des Koordinatensystems, für die das Deviationsmoment verschwindet. Dazu betrachten wir zunächst die Transformation der Flächenmomente bei Drehung des Koordinatensystems (Bild 10.12).

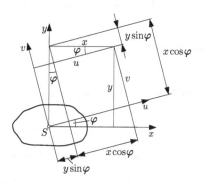

Bild 10.12. Drehung des Koordinatensystems für Flächenmomente zweiter Ordnung

Gesucht seien die Flächenmomente bezüglich der Achsen u, v bei gegebenen Flächenmomenten bezüglich der Achsen x, y. Der Winkel φ sei ebenfalls bekannt. Die im Folgenden abzuleitenden Transformationsbeziehungen hängen nicht davon ab, ob die Koordinatenursprünge im Schwerpunkt der Fläche liegen, werden aber in der Regel auf diesen Fall angewendet. Aus Bild 10.12

liest man ab:

$$u = x \cos\varphi + y \sin\varphi \;, \qquad v = -x \sin\varphi + y \cos\varphi \;. \qquad (10.34)$$

Diese Koordinatenbeziehungen gelten für alle Punkte der vorliegenden Ebene einschließlich des berandeten Ebenenstücks.

Die Definitionsgleichungen (10.3), (10.4) führen in den Koordinaten u, v und bei Benutzung von (10.34) auf

$$I_{uu} = \int_A v^2 dA = \int_A (-x \sin\varphi + y \cos\varphi)^2 dA$$

$$= \sin^2\varphi \int_A x^2 dA - 2 \sin\varphi \cos\varphi \int_A xy dA + \cos^2\varphi \int_A y^2 dA \;,$$

$$I_{vv} = \int_A u^2 dA = \int_A (x \cos\varphi + y \sin\varphi)^2 dA$$

$$= \cos^2\varphi \int_A x^2 dA + 2 \sin\varphi \cos\varphi \int_A xy dA + \sin^2\varphi \int_A y^2 dA \;,$$

$$I_{uv} = -\int_A uv dA = -\int_A (x \cos\varphi + y \sin\varphi)(-x \sin\varphi + y \cos\varphi) dA$$

$$= \sin\varphi \cos\varphi \int_A x^2 dA + (\sin^2\varphi - \cos^2\varphi) \int_A xy dA - \sin\varphi \cos\varphi \int_A y^2 dA \;.$$

Mit den Flächenmomenten nach (10.3), (10.4) und den trigonometrischen Formeln

$$\sin^2\varphi = \frac{1}{2}(1 - \cos 2\varphi) \;, \quad 2 \sin\varphi \cos\varphi = \sin 2\varphi \;, \quad \cos^2\varphi = \frac{1}{2}(1 + \cos 2\varphi)$$

folgt daraus

$$I_{uu} = \frac{1}{2}(I_{xx} + I_{yy}) + \frac{1}{2}(I_{xx} - I_{yy}) \cos 2\varphi + I_{xy} \sin 2\varphi \;, \qquad (10.35)$$

$$I_{vv} = \frac{1}{2}(I_{xx} + I_{yy}) - \frac{1}{2}(I_{xx} - I_{yy}) \cos 2\varphi - I_{xy} \sin 2\varphi \;, \qquad (10.36)$$

$$I_{uv} = -\frac{1}{2}(I_{xx} - I_{yy}) \sin 2\varphi + I_{xy} \cos 2\varphi \;. \qquad (10.37)$$

Wir suchen nun den Winkel $\varphi = \varphi_0$, so dass in (10.37) $I_{uv} = 0$ wird. Das Ergebnis hierfür lautet

$$\tan 2\varphi_0 = \frac{2I_{xy}}{I_{xx} - I_{yy}} \;. \qquad (10.38)$$

Wegen $\tan\alpha = \tan(\alpha + \pi)$ liefert (10.38) zwei Winkel φ_0 und $\bar{\varphi}_0 = \varphi_0 + \pi/2$ für zwei senkrecht aufeinander stehende Achsen u, die dann als Hauptachsen bezeichnet werden. Die dazugehörenden Flächenträgheitsmomente heißen Hauptträgheitsmomente. Sie berechnen sich durch Einsetzen von φ_0, $\bar{\varphi}_0$ in (10.35).

Aus den Transformationsgleichungen (10.35), (10.36), (10.37) lassen sich noch einige nützliche Schlussfolgerungen ziehen. Sowohl $dI_{uu}/d\varphi = 0$ als auch $dI_{vv}/d\varphi = 0$ führen auf die Beziehung $I_{uv} = 0$, d.h. die Hauptträgheitsmomente sind stationär in φ.

Die umgeformten Gleichungen (10.35), (10.37)

$$\left[I_{uu} - \frac{1}{2}(I_{xx} + I_{yy})\right]^2 = \left[\frac{1}{2}(I_{xx} - I_{yy})\cos 2\varphi + I_{xy}\sin 2\varphi\right]^2$$

$$I_{uv}^2 = \left[-\frac{1}{2}(I_{xx} - I_{yy})\sin 2\varphi + I_{xy}\cos 2\varphi\right]^2$$

liefern nach Addition unter Berücksichtigung von $\sin^2 2\varphi + \cos^2 2\varphi = 1$

$$\left[I_{uu} - \frac{1}{2}(I_{xx} + I_{yy})\right]^2 + I_{uv}^2 = \left[\frac{1}{2}(I_{xx} - I_{yy})\right]^2 + I_{xy}^2 . \qquad (10.39)$$

Diese Gleichung beschreibt für gegebene Werte

$$a = \frac{1}{2}(I_{xx} + I_{yy}) , \qquad R^2 = \left[\frac{1}{2}(I_{xx} - I_{yy})\right]^2 + I_{xy}^2$$

einen Kreis (auch Trägheitskreis) in den Koordinaten I_{uu}, I_{uv} mit dem um a auf der I_{uu}-Achse verschobenen Mittelpunkt und dem Radius R (Bild 10.13).

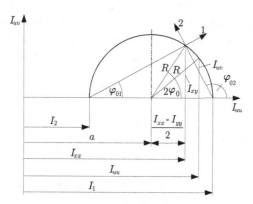

Bild 10.13. Trägheitskreis

An diesem Trägheitskreis nach MOHR (1835-1918) kann der Term $\tan 2\varphi_0$ gemäß (10.38) abgelesen werden. Außerdem findet man für $I_{uv} = 0$ in (10.39) auf der I_{uu}-Achse das Maximum I_1 von I_{uu} und das Minimum I_2 von I_{uu}

$$I_{1,2} = \frac{1}{2}(I_{xx} + I_{yy}) \pm \sqrt{\left[\frac{1}{2}(I_{xx} - I_{yy})\right]^2 + I_{xy}^2} \,, \qquad (10.40)$$

d.h. die mit der Forderung $I_{uv} = 0$ an der Stelle φ_0 gemäß (10.38) berechneten I_{uu}-Werte sind nicht nur stationär sondern auch extremal in φ. Außerdem hängt die mit (10.40) gebildete Summe

$$I_1 + I_2 = I_{xx} + I_{yy}$$

offensichtlich nicht von der Orientierung des benutzten Koordinatensystems ab und wird deshalb als Invariante bezeichnet.

In Bild 10.13 wird des Weiteren die nützliche Formel

$$\tan \varphi_{01,2} = \frac{I_{xy}}{I_{xx} - I_{2,1}} \qquad (10.41)$$

bestätigt, die im Gegensatz zu (10.38) einen eindeutigen Zusammenhang zwischen dem jeweiligen Hauptträgheitsmoment und der dazugehörenden Hauptachsenorientierung vermittelt.

Wir diskutieren nun noch den Sonderfall $I_{xy} = 0$. Wenn $I_{xx} \neq I_{yy}$ gilt, folgen aus (10.38) $\varphi_0 = 0$, $\bar{\varphi}_0 = \pi/2$, d.h, x und y sind Hauptachsen. Dieser Fall tritt bei einfacher Symmetrie der Fläche auf. Für $I_{xx} = I_{yy}$ gilt mit (10.37) einerseits $I_{uv} = 0$, und aus $I_{uv} = 0$ folgt für $\sin 2\varphi \neq 0$ andererseits $I_{xx} = I_{yy}$. Außerdem liefert (10.40) $I_1 = I_2 = I_{xx} = I_{yy}$, so dass φ_0 in (10.38) oder (10.41) unbestimmt bleibt. Dann stellen beliebige kartesische Koordinatensysteme Hauptachsensysteme dar. Dies ist für alle mehrfach symmetrischen Flächen wie den Kreis und das Quadrat, aber auch für solche Flächen wie z.B. das regelmäßige Sechseck oder das gleichseitige Dreieck erfüllt. Wir betrachten dazu das gleichseitige Dreieck von Bild 10.14. Wegen mehrfacher Symmetrie ist $I_{xy} = I_{uv} = 0$ und wegen $\sin 2\varphi \neq 0$ in (10.37) $I_{xx} = I_{yy}$.

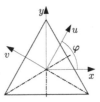

Bild 10.14. Gleichseitiges Dreieck als Beispiel für unbestimmte Hauptachsen

Die Berechnung der Hauptträgheitsmomente und Orientierungen der Hauptachsen soll noch an einem Beispiel demonstriert werden.

Beispiel 10.7

Gegeben ist wieder die Fläche von Bild 10.9, für die die Hauptträgheitsmomente gesucht sind.

Lösung:

Bei genauer Betrachtung erweist sich die Fläche als einfach symmetrisch
(Bild 10.15).

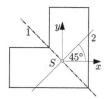

Bild 10.15. Zur Berechnung der Hauptträgheitsmomente

Aus (10.29) sind die Flächenmomente zweiter Ordnung bezüglich des x, y-
Systems bekannt.

$$I_{xx} = I_{yy} = \frac{11}{12}a^4 , \qquad I_{xy} = -\frac{a^4}{3} .$$

Die Hauptträgheitsmomente ergeben sich mit (10.40) zu

$$I_{1,2} = \frac{1}{2} \cdot 2 \cdot \frac{11}{12} \, a^4 \pm \frac{a^4}{3} ,$$

$$I_1 = \frac{15}{12}a^4 , \qquad I_2 = \frac{7}{12}a^4$$

und die Hauptrichtungen $\varphi_{01,2}$ aus (10.41)

$$\tan \varphi_{01} = \frac{-1}{3\left(\dfrac{11}{12} - \dfrac{7}{12}\right)} = -1 , \qquad \varphi_{01} = 135° ,$$

$$\tan \varphi_{02} = \frac{-1}{3\left(\dfrac{11}{12} - \dfrac{15}{12}\right)} = 1 , \qquad \varphi_{02} = 45° .$$

Der Winkel $\varphi_{01} = 135°$ (oder auch $\varphi_{01} = -45°$) bestätigt die Symmetrieachse als Hauptachse.   □

Abschließend sei noch vermerkt, dass für $I_1 \gg I_2$ die Hauptachsenzuord-
nung mittels der Anschauung überprüft werden kann, da dann wesentliche
Flächenteile in der zweiten Hauptrichtung deutlich weiter voneinander angeordnet sind als in der ersten.

10.6   Polares Flächenträgheitsmoment

Die bisher betrachteten Flächenträgheitsmomente waren auf Koordinatenachsen bezogen, die in derselben Ebene wie die betroffene Fläche lag. Für die
Kinetik der Rotation von Scheiben um eine Achse senkrecht zur Scheibenebene sowie für die Theorie der Torsion von Stäben mit Kreisquerschnitt ist
noch ein weiteres Flächenmoment zweiter Ordnung bereitzustellen, das auf
den Ursprung des $\bar{x}, \bar{y}$-Systems bezogen wird (Bild 10.16) und deshalb pola-
res Flächenträgheitsmoment heißt. Der Ursprung des $\bar{x}, \bar{y}$-Systems erscheint
auch als Durchstoßpunkt der $\bar{z}$-Achse durch die $\bar{x}, \bar{y}$-Ebene.

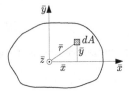

Bild 10.16. Zur Definition des polaren Flächenträgheitsmomentes

Die Definitionsgleichung des polaren Flächenträgheitsmomentes lautet

$$I_{\bar{z}} = \int_A \bar{r}^2 dA \,, \tag{10.42}$$

woraus mit

$$\bar{r}^2 = \bar{x}^2 + \bar{y}^2 \tag{10.43}$$

und (9.24), (10.1)

$$I_{\bar{z}} = \int_A (\bar{x}^2 + \bar{y}^2)dA = \int_A \bar{x}^2 dA + \int_A \bar{y}^2 dA = I_{\bar{x}\bar{x}} + I_{\bar{y}\bar{y}}$$

folgt. Liegt der Koordinatenursprung im Flächenschwerpunkt, schreiben wir
auch

$$I_z = I_p = \int_A r^2 dA = \int_A (x^2 + y^2)dA = I_{xx} + I_{yy} \,, \tag{10.44}$$

wo der Index p auf das Wort „polar" verweist. Hieraus ergibt sich im Sonderfall

$$I_{xx} = I_{yy}$$

wie z.B. beim Kreisquerschnitt

$$I_p = 2I_{xx} = 2I_{yy} \,.$$

Diese Größe wird in der Theorie der Torsion von Stäben mit Kreisquerschnitt benötigt.

Index